湖北

碳交易试点探索与实践

THE EXPLORATION AND PRACTICE OF
HUBEI CARBON EMISSION TRADING PILOT

何昌福 庄子罐 雷琦 ◎ 主编

中国财经出版传媒集团

经济科学出版社
Economic Science Press

·北 京·

图书在版编目（CIP）数据

湖北碳交易试点探索与实践/何昌福，庄子罐，雷琦主编. －－北京：经济科学出版社，2024.4
ISBN 978 － 7 － 5218 － 5262 － 2

Ⅰ.①湖…　Ⅱ.①何…②庄…③雷…　Ⅲ.①二氧化碳－排污交易－研究－湖北　Ⅳ.①X511

中国国家版本馆 CIP 数据核字（2023）第 194684 号

责任编辑：孙丽丽　胡蔚婷
责任校对：靳玉环
责任印制：范　艳

湖北碳交易试点探索与实践

何昌福　庄子罐　雷　琦　主编

经济科学出版社出版、发行　新华书店经销

社址：北京市海淀区阜成路甲 28 号　邮编：100142

总编部电话：010 － 88191217　发行部电话：010 － 88191522

网址：www. esp. com. cn

电子邮箱：esp@ esp. com. cn

天猫网店：经济科学出版社旗舰店

网址：http：//jjkxcbs. tmall. com

北京季蜂印刷有限公司印装

710 × 1000　16 开　15.5 印张　250000 字

2024 年 4 月第 1 版　2024 年 4 月第 1 次印刷

ISBN 978 － 7 － 5218 － 5262 － 2　定价：66.00 元

（图书出现印装问题，本社负责调换。电话：010 － 88191545）

（版权所有　侵权必究　打击盗版　举报热线：010 － 88191661

QQ：2242791300　营销中心电话：010 － 88191537

电子邮箱：dbts@ esp. com. cn）

编　委　会

序　言

自工业革命以来，人类活动排放的温室气体不断对地球气候产生影响。20世纪90年代以来，气候变化引起了国际社会高度重视，从《联合国气候变化框架公约》到《京都议定书》，再到《巴黎协定》，从发达国家减排到全球国家全面减排，全世界都在为应对气候变化工作持续作出贡献。

2020年9月，为履行中国国家自主贡献，习近平总书记在第七十五届联合国大会一般性辩论上发表重要讲话，向全世界作出庄严承诺，中国"二氧化碳排放力争于2030年前达到峰值，努力争取2060年前实现碳中和"，为中国的应对气候变化工作明确了目标。2021年10月，中共中央、国务院印发《关于完整准确全面贯彻新发展理念做好碳达峰碳中和工作的意见》，国务院印发《2030年前碳达峰行动方案》，二者共同构成了中国落实"碳达峰、碳中和"目标的顶层文件。随后全国各行业，各地区纷纷响应国家战略，减排技术的研发、循环经济的推广、绿色金融的转型、全国碳市场的开市，全国上下齐心协力，为落实大国承诺，贡献自己的力量。

碳市场是利用市场机制控制和减少温室气体排放，推动绿色低碳发展的一项制度创新，也是落实"碳达峰、碳中和"目标的重要核心政策工具。2011年10月29日，国家发展改革委发布的《关于开展碳排放权交易试点工作的通知》确定了湖北碳排放权交易试点。作为七个试点当中唯一一个非直辖市，非沿海发达地区试点，湖北省的经济水平和企业碳排放情况与全国平均值接近，因此长期以来都有中国的碳市场"湖北成则全国成"的说法。

2014年4月2日正式开市以来，湖北碳市场不负省委、省政府所望，从交易规模、引进社会资金量、企业参与度等指标来看，均为全国领先，以优异的成绩争取到了全国碳市场注册登记系统（"中碳登"）落户湖北。"中碳登"成为湖北的首个具有金融功能的全国性功能平台。

"碳达峰、碳中和"目标提出以来，在省生态环境厅的指导下，湖北碳市场政策频出，百花齐放。在碳金融方面，联合主管部门推荐符合条件的绿色项目入库"鄂绿通"省级平台，切实做好融资对接服务，帮助企业争取融资支持政策；在碳普惠方面，成立了全国首家专业运营碳普惠的国有企业，管理武汉碳普惠综合服务平台，实现了国家级、省级、市级碳交易平台的全覆盖；在"电—碳"协同方面，首次打通了绿电交易市场和碳市场，将绿电用于碳市场抵消；在碳教育方面，承担了全国碳交易能力建设培训中心的职能，累计培训1万余人次；同时在碳质押、碳回购、碳核算、碳计量、碳足迹、碳指数、碳关税等方面均开展了创新和尝试。

在湖北碳市场开市十周年之际，湖北碳排放权交易中心邀请了各行各业深度参与湖北碳市场建设的专家学者和陪伴湖北碳市场一路走来的企业与机构代表，共同完成了此书，旨在回顾和总结湖北碳市场过去十年的先行先试的经验，希望能为我国"碳达峰、碳中和"目标的实现贡献微薄之力，也希望能为各地区、各部门的碳交易工作提供有益参考。

吴玉祥

湖北碳排放权交易中心

党委书记、董事长

目　　录

第 一 章

综 合 篇

第一节 全球应对气候变化谈判进程

应对气候变化是一个复杂的长期性问题，自 1990 年联合国启动《联合国气候变化框架公约》谈判以来，气候变化谈判进程共分为五个阶段，国际合作进展起伏不定，整体上呈现出阶段性波浪式前进的特点。表 1 - 1 总结了气候谈判五个阶段的总体情况。

表 1 - 1 国际气候谈判五个阶段总结

历程	时间	目标	主要成果	缔约方主要义务	
				发达国家	发展中国家
第一阶段	1990 ~ 1994 年	达成一份应对气候变化的国际公约	《联合国气候变化框架公约》	率先应对气候变化及其不利影响；为发展中国家提供资金、技术和能力建设支持	以经济和社会发展及消除贫困为优先事项；在发达国家支持下应对气候变化
第二阶段	1995 ~ 2005 年	达成一份具体化《公约》内涵的议定书	《京都议定书》《马拉喀什协定》	量化的减排承诺；为发展中国家提供资金、技术和能力建设支持	自愿化、非强制性减排要求；国家信息通报、排放清单、国家行动方案等

续表

历程	时间	目标	主要成果	缔约方主要义务	
				发达国家	发展中国家
第三阶段	2005～2010 年	贯彻延续《京都议定书》第二承诺期	"巴厘路线图"《哥本哈根协定》《坎昆协议》《〈京都议定书〉的多哈修正》	量化的减排目标、资金机制、技术转让机制	国家适宜的减缓行动
第四阶段	2011～2015 年	制定一个适用于所有缔约方的法律成果	"德班平台"《巴黎协定》	自下而上的"国家自主贡献"，发达国家与发展中国家之间负有"共同而有区别的责任"	
第五阶段	2016 年至今	《巴黎协定》的落实和细则确定	《格拉斯哥气候公约》	各自提出各国 2030 年目标，同意今后将以 5 年为周期制定气候行动目标	

资料来源：王克、夏候沁蕊：《〈巴黎协定〉后全球气候谈判进展与展望》，载于《环境经济研究》2017 年第 4 期，第 141～152 页。

一、第一阶段（1990～1994 年）

（一）《公约》的诞生和生效

1990 年 12 月联合国大会决定成立一个政府间谈判机构，负责拟定公约文本。1992 年 5 月联合国总部通过了《联合国气候变化框架公约》（以下简称《公约》），同年 6 月，154 个国家在巴西里约热内卢开始公开签署《公约》文本。《公约》将参与的国家分为三类。（1）工业化国家。美国等工业化国家承诺以 20 世纪 90 年代的排放量为基数进行限排减排，愿意承担降低二氧化碳等温室气体的排放量义务。如果无法完成承诺的指标，可以从其他排放任务完成的国家购买排放量。（2）发达国家。发达国家可以不承诺具体的排放量，但是要帮助发展中国家，对其提供经济及科技上的支持。（3）发展中国家。为了降低环保对经济发展的影响，发展中国家无需承担降低温室气体排放量义务，但在必要时可以向发达国家申请经济和科技的帮助，但没

有出售排放指标的权利①。

《公约》于1994年3月21日正式生效，首要目标是控制大气温室气体浓度升高，防止由此导致的对自然和人类生态系统带来的不利影响。为实现上述目标，《公约》确立了五个基本原则：一、"共同而区别"的原则，要求发达国家应率先采取措施，应对气候变化；二、要考虑发展中国家的具体需要和国情；三、各缔约国方应当采取必要措施，预测、防止和减少引起气候变化的因素；四、尊重各缔约方的可持续发展权；五、加强国际合作，应对气候变化的措施不能成为国际贸易的壁垒②。

《公约》明确规定了发达国家和发展中国家之间负有"共同但有区别的责任"，即各缔约方都有义务采取行动应对气候变暖，但发达国家对此负有历史和现实责任，应承担更多义务；而发展中国家的首要任务是发展经济、消除贫困。

（二）《公约》的意义

《公约》为气候谈判史上首次由世界上绝大多数国家签署的一致性文件。为未来的应对气候变化国际合作打下了良好的框架基础。同时也做到了求同存异，考虑各个国家的国情，对发达国家和发展中国家提出了不同的要求，为此后30多年气候变化国际合作进程向正确的方向发展提供了保障。然而《公约》也具有一定的局限性，即并没有对发达国家减排的具体衡量指标进行硬性约束。

《公约》奠定了应对气候变化国际合作的法律基础，是具有权威性、普遍性、全面性的国际框架。目前已有近两百个国家和区域一体化组织成为缔约方。《公约》各缔约方在公平的基础上，规定了共同承担但又有区别的重要责任原则，以及依据各自能力的承诺义务，是世界上第一个全面控制二氧化碳等温室气体排放，以应对全球气候变暖给人类经济和社会带来不利影响的国际公约，也是国际社会在对付全球气候变化问题上进行国

---

① 曾迎霄：《国际制度的有效性——以〈联合国气候变化框架公约〉为例》，载于《中国管理信息化》2017年第4期，第195～196页。

② 危敬添：《〈联合国气候变化框架公约〉的历史和现状》，载于《中国远洋航务》2009年第11期，第26～27页。

际合作的基本框架。

二、第二阶段（1995～2005年）

（一）《京都议定书》的诞生和生效

为达成一份具体化《公约》内涵的议定书，1995年在德国柏林召开气候大会，通过了"柏林授权"，决定通过谈判制定一项议定书，主要是确定发达国家2000年后的减排义务和时间表。

1997年12月在日本京都通过了《京都议定书》，首次为39个发达国家规定了第一阶段（2008～2012年）的减排目标，即参与各国在其1990年温室气体排放量的基础上平均减少5.2%。此外，为了促使发达国家完成减排目标，《京都议定书》允许发达国家借助三种灵活机制（排放贸易、联合履约和清洁发展机制）来降低减排成本，同时未对发展中国家作出强制要求。

在2001年通过了执行《京都议定书》的"一揽子"协议，即《马拉喀什协定》。2005年2月16日《京都议定书》正式生效。

《〈联合国气候变化框架公约〉京都议定书》更加指出了公约中发达国家在21世纪初减少温室气体排放量的指标，即发达国家要在20世纪90年代初期所排放的二氧化碳量的基础上减少排放5%，同时形成了三个有效达到减排限排效果的灵活机制：即联合履约、排放贸易和清洁发展机制。清洁发展机制既是为了帮助工业化国家提升减排效果，同时又协助发展中国家实现环境的可持续发展，也就是由发达国家向发展中国家提供经济技术保障与支持，通过开展环境保护项目提升发展中国家能源的利用率，降低二氧化碳的排放量，或通过植树造林计划增加二氧化碳的吸收量，而排放的温室气体减少量和增加的温室气体吸收量则计入发达国家的减排量。《〈联合国气候变化框架公约〉京都议定书》向发达国家规定了有法律效力的减排、限排标准，而没有对发展中国家规定相关义务。美国也因此成为唯一一个没有签署《〈联合国气候变化框架公约〉京都议定书》的工业化国家。

《京都议定书》的生效条件是55个《框架公约》缔约方批准，且其中的附件一国家缔约方1990年温室气体排放量之和占全部附件一国家缔约方

1990 年温室气体排放总量的 55% 以上。由于美国 1990 年温室气体排放量占附件一国家的 36.1%，在美国拒绝批准《京都议定书》的情况下，要达到生效条件，意味着几乎所有其他附件一国家都必须批准。俄罗斯因占 1990 年附件一国家 17.4% 的排放量而持有决定《京都议定书》生死的一票。在俄罗斯于 2004 年 11 月 18 日向联合国正式递交加入文件后，《京都议定书》已于 2005 年 2 月 16 日生效。截至 2007 年 12 月，共有 176 个缔约方批准、加入、接受或核准《京都议定书》①。

（二）《京都议定书》的意义

《京都议定书》的生效是国际气候谈判的重大阶段性胜利，清洁发展机制在发展中国家成功实施，为后续进程打下了坚实的基础。但同时，由于美国的拒绝核准，国际社会对应对气候变化问题的热情降低，气候谈判进程进入低潮期。

《京都议定书》生效后，在"共同有区别责任"原则下，发展中国家暂时没有减排的责任；发达国家完成二氧化碳排放项目的成本，比在发展中国家高出 5～20 倍，因此发达国家愿意向发展中国家转移资金、技术，提高他们的能源利用效率和可持续发展能力；从减排潜力与投资规模来看，中国、印度以及巴西等发展中国家将有可能成为投资清洁发展机制（CDM）项目最具有吸引力的国家。

从短期来看《京都议定书》的生效对中国有利，但从长远看中国面临的压力会越来越大。从总量上看，目前中国二氧化碳排放量已位居世界第二，甲烷、氧化亚氮等温室气体的排放量也居世界前列。而《京都议定书》要求减限排温室气体问题的实质，涉及能源消费总量和效率问题。目前我国电力仍然以火电为主，火电厂脱硫设施落后，而且基本没有脱碳设施，气体排放比较严重。估计国家很快将制定出新的限制排放量的标准，火电厂的数目也将受到进一步限制。一旦数年后中国承担减排义务，未来几年电厂再遭遇几次环保风暴也不会是意外。

---

① 刘九夫、王国庆、张建云、贺瑞敏、李岩、章四龙：《〈联合国气候变化框架公约〉及〈京都议定书〉简介》，载于《中国水利》2008 年第 2 期，第 65～68 页。

三、第三阶段（2006～2010 年）

（一）"巴厘岛路线图"的诞生

2007 年印度尼西亚巴厘岛气候大会上通过了"巴厘岛路线图"，开启了后《京都议定书》国际气候制度谈判进程，覆盖执行期为 2013～2020 年，为 2012 年《京都议定书》第一承诺期到期后的温室气体减排谈判奠定了基础。

在 2009 年底，所有发达国家和发展中国家达成"一揽子"协议，并就此建立了《公约》长期合作行动谈判工作组。自此，气候谈判进入了《京都议定书》第二期减排谈判和《公约》长期合作行动谈判并行的"双轨制"阶段。

会议前期，技术转让和资金问题是发展中国家和发达国家争议的焦点。在技术转让问题上，发达国家称减排技术都掌握在私营企业手中，存在知识产权问题；在资金问题上，发达国家表示应通过市场机制解决。会议进入高级别阶段后，欧盟和美国在 2012 年后发达国家的减排目标问题上交锋不断，一度使大会陷入僵局。在多方斡旋下，双方达成妥协，"巴厘岛路线图"终于出炉。最后的文件没有出现欧盟此前坚持的 25%～40% 的减排目标，只是认可了联合国政府间气候变化专门委员会 2007 年公布的第四份评估报告，欧盟坚持的数字在这份报告中有所体现，但并没有约束力。各方搁置争议达成的共识主要有以下内容：

首先，强调了国际合作。大会最后指出，依照《公约》原则，特别是"共同但有区别的责任"原则，考虑社会、经济条件以及其他相关因素，与会各方同意长期合作采取共同行动，行动包括一个关于减排温室气体的全球长期目标，以实现《公约》的最终目标。

其次，把美国纳入进来。美国 2001 年退出了《京都议定书》，理由是这会损害美国经济。由于拒绝签署《京都议定书》，美国如何履行发达国家应尽义务一直存在疑问。"巴厘岛路线图"明确规定，《公约》的所有发达国家缔约方都要履行可测量、可报告、可核实的温室气体减排责任。

最后，除减缓气候变化问题外，文件还强调了另外三个在以前国际谈判中曾不同程度受到忽视的问题：适应气候变化问题、技术开发和转让问题以及资金问题。这三个问题是在应对气候变化过程中，广大发展中国家极为关心的问题。

"巴厘岛路线图"是人类应对气候变化历史中的一座新里程碑，确定了今后加强落实《框架公约》的领域，对减排温室气体的种类、主要发达国家的减排时间表和额度等作出了具体规定，将为进一步落实《框架公约》指明方向。

中国为绘成"巴厘岛路线图"作出了贡献。中国把环境保护作为一项基本国策，将科学发展观作为执政理念，根据《框架公约》的规定，结合中国经济社会发展规划和可持续发展战略，制定并公布了《中国应对气候变化国家方案》，成立了国家应对气候变化领导小组，颁布了一系列法律法规。中国的这些努力在本次大会上得到各方普遍好评。在"巴厘岛路线图"中，中国与其他发展中国家一道，承诺担当应对气候变化的相应责任①。

（二）《哥本哈根—坎昆协议》的达成

参加 2009 年哥本哈根气候大会的 100 多个国家首脑在谁先减排、怎么减、减多少、如何提供资金、转让技术等问题上分歧巨大，未能就《京都议定书》第二期和"巴厘岛路线图"中的主要观点达成一致。最终《哥本哈根协议》未能全票通过。

2010 年底墨西哥在坎昆召开的气候公约第 16 次缔约方大会上，由于一些国家的强烈反对，缔约方大会最终将《哥本哈根协议》主要共识写入《坎昆协议》并强行通过。随后两年，通过缔约方大会"决定"的形式，逐步明确各方减排责任和行动目标，从而确立了 2012 年后国际气候制度。

会议的主要问题集中在"责任共担"。气候科学家们表示全球必须停止增加温室气体排放，2015～2020 年开始减少排放。科学家们预计想要防止全球平均气温再上升2℃，到 2050 年，全球的温室气体减排量需达到 1990

---

① 刘九夫、王国庆、张建云、贺瑞敏、李岩、章四龙：《〈联合国气候变化框架公约〉及〈京都议定书〉简介》，载于《中国水利》2008 年第 2 期，第 65～68 页。

年水平的80%。① 但是哪些国家应该减少排放？该减排多少？比如，经济高速增长的中国最近已经超过美国成为最大的二氧化碳排放国。但在历史上，美国排放的温室气体最多，远超过中国。而且，中国的人均排放量仅为美国的1/4左右。中国政府指出，从道义上讲，中国有权力发展经济、继续增长，增加碳排放将不可避免。而且工业化国家将碳排放"外包"给了发展中国家—中国替西方购买者进行着大量碳密集型的生产制造。作为消费者的国家应该对制造产品过程中产生的碳排放负责，而不是出口这些产品的国家②。

《哥本哈根协议》建立了四个机制：减少发展中国家森林砍伐造成的排放，包括森林保护机制（REDD - plus）；一个在缔约方大会下的研究如何实现资金条款的高级别委员会；哥本哈根绿色气候基金；以及一个技术转让机制。哥本哈根大会决定延长《京都议定书》附件一缔约方进一步承诺特别工作组和《气候变化框架公约》长期合作行动特别工作组的工作，从而保证了"双轨"谈判继续进行，以最终达成具有法律约束力的协议③。

哥本哈根会议的主要成果包括：一是公约和议定书缔约方会议分别通过了两个工作组继续按"巴厘岛路线图"授权完成谈判的决定，议定书特设工作组主要是2020年减排目标，基本还是按照双轨制谈判，谈判以后形成了主席案文；二是发表了《哥本哈根协议》，但哥本哈根会议并没有正式通过，只是"注意到"这一协议，没有法律地位。

（三）《哥本哈根—坎昆协议》的意义

纵观第三阶段，从"巴厘岛路线图"的确定到《哥本哈根协议》的失败，最终到《坎昆协议》的勉强通过，反映了气候谈判中逐渐出现发达国家主导，企图瓜分大部分利益的问题。正如参加了哥本哈根会议的丁仲礼院士所言："排放权即发展权"，发展中国家团体为了自身发展在会议上发起反击，最终取得了胜利。这一阶段的重大意义在于奥巴马政府以积极姿态带

①② 于吉海：《联合国气候变化框架公约简介》，载于《地理教学》2010年第5期，第4～5页。

③ 夏堃堡：《联合国气候变化框架公约23年》，载于《世界环境》2015年第4期，第58～67页。

领美国重回气候谈判。《哥本哈根协议》虽未通过，但对该协议的讨论标志着气候变化成为重要的全球性议题之一。《坎昆协议》是彼时各方能够达成的最大限度的妥协，坚持了"共同但有区别的责任"原则，维护了《公约》和《京都议定书》的基本框架和双轨谈判机制。

但是会议还是取得了重要而积极的成果。一是坚定维护了《联合国气候变化框架公约》及其《京都议定书》确立的"共同但有区别的责任"原则；二是在发达国家实行强制减排和发展中国家采取自主减缓行动方面迈出了新的坚实步伐；三是就全球长期目标、资金和技术支持、透明度等焦点问题达成广泛共识。

《哥本哈根协议》的影响将是深远的：协议没有采用从上至下的《京都议定书》式的"排放目标和时间表"方法，而是采用"单边请求"的方法，有人称其为"文件夹方法"，是国内减排和国际减排的混合物，导致原先的"腾出和重新分配剩余的碳空间"目标被延期甚至无法实现。《哥本哈根协议》证实了"祖父条款"的实践，这是通过现在实际排放量的削减百分比来表达的，这有助于那些目前占有排放空间的国家。根据气候行动跟踪者（Climate Action Traker）的评估，至 2100 年全球气温最好的情况下可上升 3.2℃，这是根据中国和印度从现在至 2020 年的最高的减排上限，并结合其实施的国内减排计划得出的。哥本哈根大会可能是历史上第一次让世界见证了发展中国家在国际谈判中发挥主导性作用的大会，其见证了"世界新秩序"这一重要的新现实。参加哥本哈根大会的国家有 193 个，但在大会结束时起决定作用的还是美国和中国。

《哥本哈根协议》最成功的部分是关于资金方面的协议。发达国家承诺向发展中国家为减缓和适应气候变化采取行动提供资金。从 2010 年到 2012 年，发达国家将向发展中国家提供 300 亿美元快速启动资金。从长期来看，每年发达国家将筹措 1000 亿美元的资金，一直到 2020 年。但是如何使这些资金承诺得以实现，该协议中没有明确。

不管《哥本哈根协议》是政治协议还是法律协议，它是国际社会共同应对气候变化的又一次不同寻常的一个重要成果。该协议首次将美国纳入承诺温室气体强制减排的轨道，并促使包括中国在内的发展中国家和新兴经济体承诺更有力度的削减排放目标（尽管发展中国家不愿意承担强制性的减排义务），还在解决发达国家向发展中国家、小岛屿国家和最不发达国家提供财政援助的资金来源上向前迈进了一步，而且在减排透明度和尊重发展中国家主权以及绿色气候基金的设立等方面达成了框架性的协议，为2010年的墨西哥城谈判打下了基础。同时，也应当看到，该协议在一些重大问题上没有取得实质进展，只是将其推延到未来的谈判中，未来发达国家承诺的强制性减排目标以及发展中国家的自愿减缓行动仍然存在激烈的相互博弈，这依然取决于各缔约国在应对气候变化方面的政治意愿。可以预见的是，各国在减排方面仍有一定的让步空间，换言之，在未来的共同行动中，各国将视别国的减排力度来调整自己的减排目标，至少美国和欧盟均有强化减排目标的空间。总之，《哥本哈根协议》是全球应对气候变化的新的重要起点，也是前进中的一大步。

《哥本哈根协议》的签署并没有使各方面的进程顺利完成，关于气候变化问题的谈判仍在进行中。坎昆会议较少受到媒体的关注，却最终出台《坎昆协议》，并促成一个足以导致谈判最终圆满结束的议程，同时将《哥本哈根协议》融入《联合国气候变化框架公约》中去。

无论是在哥本哈根会议（至少是正式的），还是在坎昆会议，都没有解决未来议定书或协议的法律形式问题。巴厘岛会议时采用的"商定结果"的法律形式，成为德班会议的关键性问题。

四、第四阶段（2011～2015年）

（一）"德班平台"的启动

2011年南非德班缔约方大会授权开启"2020年后国家气候制度"的"德班平台"谈判进程。大会通过了"德班一揽子决议"，建立德班增强行动平台特设工作组，决定实施《京都议定书》第二承诺期并启动绿色气候基金，德国和丹麦分别注资4000万欧元和1500万欧元作为其运营经费和首笔资助资金。

《哥本哈根协议》《坎昆协议》和德班会议勾勒出了未来的气候制度。它的重心也从"议定书"转向"公约"，自上而下的方法由自下而上的方法代替，并且提供了约束性激励机制。

德班大会之后，应对气候变化国际合作的共识进一步凝聚，尤其是在主导国际气候谈判进程的中国、美国和欧盟等国家或国家集团之间表现更为明显。首先，欧盟及其成员国均以积极态度参与应对气候变化行动。巴黎大会前，欧盟与中国签署了《中欧气候变化联合声明》（2015 年 6 月），其后作为巴黎气候变化大会主办国的法国也与中国签署了《中法元首气候变化联合声明》（2015 年 11 月），体现了各方应对气候变化的强烈意愿和共识。其次，作为"伞形国家"核心的美国尽管历来在国际气候谈判中受到诟病，但近年来与其他国家包括发展中国家的共识也在逐渐加强。例如，2011 年 11 月《中美气候变化联合声明》的签署使世界上最大的两个温室气体排放国家形成了应对气候变化的合作共识；2014 年 9 月《美印能源和气候变化合作计划》拓展了原有的《美印清洁能源发展合作计划》，达成了共同应对气候变化长期合作的愿景。

在上述背景下，构建新的国际气候法律秩序成为必然。这一进程历经德班、多哈、利马、华沙直至巴黎气候大会，其中《巴黎协定》的通过是这一进程阶段性成果的集中体现。

据此，该进程截至目前的具体展开可以分为两个阶段。

1. 德班平台下的展开：新秩序构建的开启

德班平台下的展开包括了德班、多哈、利马、华沙四次缔约方大会。2015 年 12 月巴黎特设工作组成立，意味着德班平台的使命结束。在这四次缔约方大会中，德班大会（COP17/CMP7）的核心成果是建立了"德班增强行动平台特设工作组"（ADP），启动 2020 年后国际气候机制谈判（又称"德班平台谈判"），推动国际社会在 2015 年前制定一份包括《公约》所有缔约方在内的议定书、另一法律文书或具有法律效力的法律文件。多哈大会（COP18/CMP8）的主要成果则是促进了国际气候谈判轨道的统一。其结束了《巴厘岛路线图》下的双轨谈判，将谈判轨道和各国的精力转向德班平台。华沙大会（COP19/CMP9）进一步深化了单一轨道下的谈判进程，通过对核心争议的梳理深化了德班平台的主要议题，各缔约方对国际温室气体减排责任分担的形式和时间进行了交流。利马大会（COP20/CMP10）则提出了全球气候新协议的初步方案，重申各国须在 2015 年初制定并提交 2020 年之后的"预期国家自主贡献方案"（Intended Nationally Determined Contributions，INDC），并对所需提交的基本信息作出要求；在自主贡献方案中将"适应"提到了与"减缓"相似的重要位置；提出了一份《巴黎协定》草案，作为 2015 年谈判起草《巴黎协定》文案的基础。

2. 《巴黎协定》的达成：新秩序构建的阶段性成果

德班平台下构建新秩序的努力，为 2015 年 12 月巴黎气候大会（COP21/CMP11）通过《巴黎协定》奠定了基础，实现了德班平台和巴黎特设工作组之间的对接，使国际气候法律新秩序的构建取得了阶段性成果。尽管《巴黎协定》仍然存在较多不足，例如国家自主承诺贡献和协议雄心勃勃的目标之间还存在距离、对缔约国承诺的减排目标约束不够，但巴黎大会还是对新秩序的构建起到了积极作用。首先，会议通过了《巴黎协定》，完成了德班平台设定的主要任务，避免了国际气候谈判再次陷入哥本哈根大会以来的低潮状态，为今后国际气候法律新秩序的构建奠定了基础；其次，巴黎气候大会将《公约》所有缔约方囊括在统一轨道之下，增强了谈判共识，提高了谈判效率；再次，《巴黎协定》强调了 2020 年前的减排行动，弥合了德班之后至《巴黎协定》生效前国际减排的空档期；最后，《巴黎协定》确定了"国家自主贡献方案"，为 2020 年后应对气候变化的国际合作提供了灵活的法律框架。这一"自下而上"的减排模式虽然存在与减排目标背离的可能，但为各国根据各自能力和国情进行灵活减排提供了引导，从而能够将更多国家纳入减排行动，并逐步朝更有雄心、更具力度的方向努力（见表 1 - 2）。

表 1 - 2　　　"德班—巴黎"国际气候法律新秩序构建的进程

会议	时间	地点	核心决议	对新秩序的主要贡献
COP17/CMP7	2011 年 11 月 28 日 ~ 12 月 11 日	德班	设立德班加强行动平台问题特设工作（1/CP. 17）	设立德班平台并启动制定全球气候新协议进程

续表

会议	时间	地点	核心决议	对新秩序的主要贡献
COP18/CMP8	2012 年 11 月 26 日~ 12 月 8 日	多哈	"多哈修正案" (1/CMP. 8)	(1) 关闭长期合作行动; (2) 明确《京都议定书》 第二承诺期
COP19/CMP9	2013 年 11 月 11 日~ 11 月 22 日	华沙	进一步推进德班平 台(1/CP. 19)	提出预期的国家自主贡献
COP20/CMP10	2014 年 12 月 1 日~ 12 月 14 日	利马	利马气候行动呼吁 (1/CP. 20)	全球气候新协议草案
COP21/CMP11	2015 年 11 月 30 日~ 12 月 11 日	巴黎	《巴黎气候协定》 (－/CP. 21)	通过以国家自主贡献为核 心的全球气候新协议

资料来源:陈贻健:《国际气候法律新秩序的困境与出路:基于"德班－巴黎"进程的分析》,载于《环球法律评论》2016 年第 2 期,第 178~192 页。

德班平台之后的历次国际气候大会,在深化德班成果的同时对新秩序的构建起到了承接和推动的作用:多哈会议结束了"双轨制"谈判;华沙会议深化了德班平台下的议题并开始涉及《巴黎协定》草案的一些要素;利马会议确立了"国家自主贡献方案"作为巴黎协定的核心要素之一,为新秩序构建提供了初步的文本基础;《巴黎协定》则确立了国际气候法律新秩序中的阶段性架构。上述从德班到巴黎的进程,也体现出了新秩序的主要特征,在一定程度上反映了新秩序的发展趋势。

(二)《巴黎协定》的达成

2015 年,全球 178 个缔约方签署了《巴黎协定》,确立了全球气候治理历史上第一个普遍适用的全球性治理体系,目标是将全球平均气温较前工业化时期上升幅度控制在 2℃ 以内,并努力将温度上升幅度限制在 1.5℃ 以内。《巴黎协定》要求所有的缔约方都必须提出"国家自主贡献",打破了南北方在《公约》及《京都议定书》框架下关于治理责任分配及其相应承诺和行动的"防火墙"。《巴黎协定》于 2016 年 4 月 22 日在美国纽约联合国大厦签署,于 2016 年 11 月 4 日起正式实施。

（三）《巴黎协定》的意义

《巴黎协定》的达成标志着 2020 年后的全球气候治理将进入一个前所未有的新阶段，具有里程碑式的意义，但其具体细则的确定、协定内容的落实仍困难重重。

《巴黎协定》实现了德班平台预定的目标，即通过一份囊括所有 195 个《公约》缔约方的全球气候新协议。这一协议将京都机制和长期合作行动下的缔约方，尤其是将美国等一直游离在《京都议定书》之外的国家以及在德班大会前后退出《京都议定书》的少数国家重新凝聚在一起。其中美国作为碳排放大国，游离在京都机制之外 10 余年，对国际气候谈判产生了极大的负面影响。《巴黎协定》在缔约主体的广泛性方面迈进了一大步，保证了参与减排主体的广泛性，提升了国际社会对于重建新秩序的信心，对于优化国际气候谈判资源、促进谈判效率具有积极意义。

五、第五阶段（2016 年至今）

（一）《巴黎协定》的实施细则

为落实《巴黎协定》相关内容，各国继续围绕"共同但有区别的责任"问题、减排义务分担的公平问题、提供资金技术问题等重大问题进行谈判。

《巴黎协定》于 2016 年 4 月 22 日～2017 年 4 月 21 日在联合国总部开放供各缔约方签署。其生效的条件是：不少于 55 个《公约》缔约方提交批准、接受、核准或加入文书，且这些国家的温室气体排放总量至少占全球温室气体排放总量的 55% 以上。温室气体排放总量的参考值是各方签署条约时能获取的最近一期全球和各国温室气体排放量。

2016 年的联合国气候大会一致通过的《马拉喀什行动宣言》给国际社会树立了信心，中国出资 30 亿美元建立的"气候变化南南合作基金"起到了重要的引领作用，体现了作为大国的担当。但各方在发达国家如何出资的问题上仍有分歧，迄今仍未兑现"每年提供 1000 亿美元"的承诺。

2018 年波兰卡托维兹缔约方大会就《巴黎协定》关于自主贡献、减缓、适应、资金、技术、能力建设、透明度全球盘点等内容涉及的机制与规则达成基本共识，并对落实《巴黎协定》，加强全球应对气候变化的行动力度做出进一步安排。

2019 年，马德里气候大会中，谈判各方在碳排放交易机制、减排力度、资金支持等议题方面分歧严重。大会延后 40 多小时后闭幕，再次引起场外环保人士的愤怒。大会最后，主席表示已有 73 个国家有意提交一份更有力的国家自主贡献报告，并号召组成气候"雄心联盟"，以做出到 2050 年实现净零排放的新承诺。

2020 年的格拉斯哥会议因为新冠肺炎疫情延期到了 2021 年。各国在会后签署了《格拉斯哥气候公约》，并对 2015 年《巴黎协定》实施细则遗留问题的谈判，对碳交易市场、透明度和共同时间框架做出了具体规定。各国同意今后将以 5 年为周期制定气候行动目标，并予以检视。

《巴黎协定》重申了《公约》所确定的"公平、共同但有区别的责任和各自能力原则"。提出了 3 个目标：一是将全球平均温度上升幅度控制在工业化前水平 2℃之内，并力争不超过工业化前水平 1.5℃；二是提高适应气候变化不利影响的能力，并以不威胁粮食生产的方式增强气候适应能力和促进温室气体低排放发展；三是使资金流动符合温室气体低排放和气候适应型发展的路径。

《巴黎协定》重申了《公约》所确定的"公平、共同但有区别的责任和各自能力原则"提出了 3 个目标：一是将全球平均温度上升幅度控制在工业化前水平 2℃之内，并力争不超过工业化前水平 1.5℃；二是提高适应气候变化不利影响的能力，并以不威胁粮食生产的方式增强气候适应能力和促进温室气体低排放发展；三是使资金流动符合温室气体低排放和气候适应型发展的路径。

在减缓方面，明确了国家自主减排的方式，2020 年后，所有缔约方将以自主贡献的方式参与全球应对气候变化行动。《巴黎协定》提出了长期减排路径，要求全球温室气体排放尽快达峰，认可发展中国家达峰需要更长时间，要求 21 世纪下半叶全球实现碳中性，即达到温室气体源的人为排放与汇的清除之间的平衡。《巴黎协定》确立了有区别的减排模式，强调发达国家继续带头努力实现全经济范围的绝对减排目标，并认识到可持续生活方式以及可持续的消费和生产模式在应对气候变化中发挥的重要作用，但也要求发展中国家继续加强努力，鼓励其根据不同的国情，逐渐实现全经济范围的绝对减排或限排目标。缔约方通报的国家自主贡献将记录在一个公共登记簿上。《巴黎协定》还明确了森林保护等增强温室气体汇的措施的重要性，并认可了通过国际转让的方式实现国际减排合作。

在适应气候变化造成的损失损害方面，提出了确立提高气候变化适应能力、加强抗御力和减少对气候变化脆弱性的全球适应目标，认识到增强适应能力需要可能会增加适应成本。缔约方要定期提交或更新适应信息通报，并记录在公共登记簿上。"损失与损害"问题是自 2008 年以来，小岛屿发展中国家和最不发达国家集团极力推动的谈判议题，以考虑气候变化导致的不可逆和永久的损失损害问题，他们希望强调气候变化是生存问题，损失与损害应是与减缓和适应相独立的第三要素，并建立包括风险转移、移民、补偿等要素的新机制。《巴黎协定》确定将通过损失与损害华沙国际机制加强缔约方之间的理解和支持，华沙机制应与现有机构、专家小组和有关组织加强协作。

在支持方面，《巴黎协定》明确了发达国家缔约方应帮助发展中国家缔约方开展减缓和适应行动，也鼓励其他缔约方自愿提供支持。发达国家缔约方应带头调动气候资金，认识到公共资金所发挥的重要作用。资金规模应逐步超过先前努力，实现对适应和减缓支持的平衡，并优先照顾对气候变化不利影响特别脆弱的和受到严重能力限制的发展中国家。缔约方应就充分落实技术开发和转让以改善对气候变化的抗御力和减少温室气体排放达成一个长期愿景。《巴黎协定》将建立技术框架，包括继续利用《公约》下的技术机制，促进技术开发和转让的强化行动。《巴黎协定》还明确了发达国家应提高对发展中国家的能力建设支持，重点加强能力最弱和对气候变化产生不利影响的发展中国家的能力建设，通过适当的体制安排进行有关活动。

透明度方面，要求各国定期通报国家自主贡献，包括其国内减缓措施；国家自主贡献的实施过程将按照《巴黎协定》所建立的规则进行报告和审评。国际社会将从 2023 年开始，通过每五年一度的全球盘点对《巴黎协定》宗旨与长期目标的实现情况进行评估，来解决各国自主贡献力度不足

的问题，以实现全球温度升高的控制目标。为提供必要的信息、建立互信并促进有效执行，《巴黎协定》基于 20 余年来《公约》下所建立的透明度体系，在为发展中国家提供必要灵活性、向发展中国家提供相应能力建设支持的基础上，强化了对各缔约方行动与支持透明度的要求，并以促进性、非侵入性、非处罚性和尊重国家主权的方式实施。

（二）后《巴黎协定》时代的安排

在现有的国际治理格局下，《巴黎协定》确立了 2020 年后以国家自主贡献为主体的国际应对气候变化机制，是一个公平合理、全面平衡、富有雄心、持久有效、具有法律约束力的协定。它在《公约》《京都议定书》和巴厘岛路线图等一系列成果的基础上，按照共同但有区别的责任原则、公平原则和各自能力原则，以更加包容、更加务实的方式鼓励各方参与，开启了全球气候治理的新阶段。

在这一阶段，部分排放大国对环境治理的消极态度成为了完善和落实《巴黎协定》的阻碍。如美国特朗普政府于 2017 年 6 月宣布退出《巴黎协定》，此举严重阻碍全球气候治理的进程。2018 年巴西总统博索纳罗在竞选中也曾表示有意退出《巴黎协定》，但最终未付诸行动。总体来说，这一阶段的气候谈判虽然经历了少数排放大国政府的态度摇摆、各国诉求难以调和等问题，但全世界努力应对气候变化的决心更加坚定，中国在气候谈判及谈判成果的落实方面的关键作用越来越凸显。

对中国而言，新模式既提供了机遇，也带来了挑战。一方面，新模式对各国国情和自我选择的低碳发展道路的尊重，透明交流的非惩罚性规范机制，保障了中国的发展空间，使中国履行其在《公约》和《巴黎协定》下的承诺时，可以与国内自主确定的低碳、绿色、生态文明建设道路相一致，而不至于承受过于严格的外界压力。同时，《巴黎协定》对适应气候变化行动的强调，有利于中国这样幅员辽阔、生态环境脆弱的国家积极开展适应行动，推动全球在信息共享中促进合作，满足自身需求。

另一方面，中国在《巴黎协定》下也面临许多挑战：一是由于中国目前二氧化碳排放量已占到全球的 28%，尽管在《巴黎协定》下各国将自主确定减缓目标与行动，但中国的减排行动毫无疑问成为了全球瞩目的焦点，面临巨大的舆论压力和国际政治压力；二是中国作为世界第二大经济体，尽管没有在《公约》和《巴黎协定》下向其他发展中国家提供资金、技术、能力建设支持的义务，但广大发展中国家也希望中国通过南南合作为其应对气候变化提供支持，期待中国放弃作为发展中国家应得的获支持权，发达国家也对中国在全球气候治理体系中提供资金、技术支持保持高压态势；三是中国国内的统计、报告、审评、核算体系和专家能力建设尚不足以满足《巴黎协定》下的透明度要求，尤其是对于中国作为支持提供方的潜在信息报告要求，目前差距十分明显；四是中国气候变化科学研究实力与发达国家相比还有很大差距，《巴黎协定》中的一些定量指标大多来源于 IPCC 的结论，但 IPCC 的关键结论又多来自发达国家的研究成果，这需要中国积极引导在全球盘点时结合科学性、技术普及性、经济有效性等进行综合、全面的评估。

中国需要更快地开始适应承担具有法律约束力的国际义务。从《京都议定书》到《巴黎协定》，中国不仅经历了经济发展、温室气体排放的快速发展，在承担国际减排责任和义务方面，也在逐渐实现转型。在《京都议定书》第一承诺期，中国作为发展中国家，不承担任何减排、限排目标，也不承担向《公约》下资金机制供资的义务；而在《巴黎协定》下，中国需要开始考虑承担一定程度和范围的国际义务，而且可能是法律约束下的责任和义务。在提出减限排目标和向南南合作提供资金方面，中国已经开始了一些自愿行动。随着时间的推移，中国需要承担的国际责任可能越来越重，这也在客观上要求中国逐步实现、适应从接受援助者到全球贡献者的身份和定位的转变。这些对中国更好地参与多边外交机制和在处理大国外交、海外投资中充分考虑气候变化和环境保护因素，都提出了更高要求，同时也要求中国以倒逼方式，切实改进国内的统计，核算能力，提高科学研究水平，围绕上述重点问题，部署专题性攻关。

总而言之，《巴黎协定》作为全球应对气候变化的第三个里程碑，标志着全球气候治理进入了新的发展阶段，传递出全球推动实现绿色低碳、气候适应型和可持续发展的强有力信号。目前《公约》全部 196 个缔约方中，已有 188 个提交了国家自主贡献文件，为下一步各国定期通报国家自主贡献奠定了良好的基础。尽管《巴黎协定》在未来生效和实施方面尚存一定的不确定性，但本次大会可称为应对气候变化的历史性突破，最大限度地凝聚了国际社会的共识，也体现了各国利益和全球利益的平衡，是全球气候治理进程中的又一里程碑，也是推动全球提高应对气候变化力度，实现绿色低碳发展的新起点①。

第二节 国外碳市场发展进程

长期以来，国际社会在应对气候变化方面的实践经验非常丰富。2023年全球运行的碳市场交易体系有 28 个，覆盖了全球 17% 的温室气体排放，全球还有 20 个体系正在开发或考虑中，尤其是在拉丁美洲和亚太地区②。《全球碳市场进展 2023 年度报告》总结了以下三类碳市场的主要进展：一是实施中的碳市场（即已在运行的碳交易体系），二是正在建设中的碳市场（即拥有关于建设碳市场的明确授权，且正在起草相关法律法规的地区），三是对建立碳市场感兴趣，并在调研准备过程中的地区。

碳市场在不同的政府层级运行从超国家机构到地方层级不等，其中包含：

1 个超国家机构：欧盟成员国 + 冰岛 + 列支敦士登 + 挪威；

10 个国家：中国、德国、哈萨克斯坦、墨西哥、新西兰、韩国、瑞士、英国、黑山、奥地利；

19 个省和州：加利福尼亚州、康涅狄格州、特拉华州、福建省、广东省、湖北省、缅因州、马里兰州、马萨诸塞州、新罕布什尔州、新泽西州、纽约州、新斯科舍省、琦玉县、魁北克省、罗得岛州、佛蒙特州、弗吉尼亚州、俄勒冈州；

6 个城市：北京、重庆、上海、深圳、天津、东京。

在全球运行中的碳市场中，欧盟碳市场是当前体系最完善、市场活跃度最高的碳市场，美国没有全国性的碳市场，其中较为活跃的是加州碳市场和区域碳市场（RGGI，美国东北部和大西洋中部的 10 个州共同签署建立、联

---

① 巢清尘、张永香、高翔、王谋：《巴黎协定——全球气候治理的新起点》，载于《气候变化研究进展》2016 年第 1 期，第 61 ~ 67 页。

② International Carbon Action Partnership. Emissions trading worldwide. ICAP status report 2023 [EB/OL]. 2023 – 03 – 22.

合运行），韩国碳市场是亚洲国家中典型的碳市场，以上碳市场对中国碳市场的建设具有借鉴意义，图1-1总结了这些碳市场的碳价。

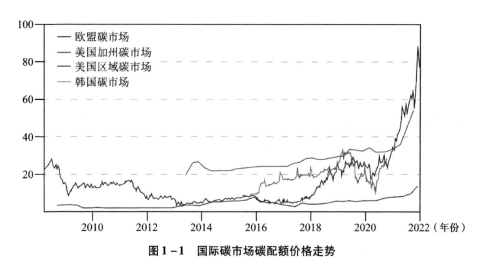

图1-1　国际碳市场碳配额价格走势

资料来源：同花顺 IFinD 数据库。

一、欧盟碳市场

欧盟碳市场于2005年成立，是世界上第一个国际排放交易体系，覆盖31个国家，是目前全球最活跃、最具影响力的碳市场。欧盟碳市场（EU-ETS）是世界上最早建成对企业有法律约束力的碳市场，是欧盟气候政策的核心要素，现在已步入第四阶段。

（一）配额分配法

欧盟碳市场的排放额度主要通过自由分配和竞争性拍卖的方式分配给相关实体。在初期，为吸引企业积极参与贸易体系，欧盟主要采用免费分配的方式，占总量的95%以上，而竞争性拍卖的比例低于5%。从第二阶段开始，拍卖的比例有所增加，但仍然限制在10%。[①]

---

① 根据欧盟委员会相关数据整理。

在欧盟排放交易体系（EU-ETS）的推动下，欧盟27国的GDP 2020年比2005年增长39.63%，碳排放减少30.52%，可再生能源消费量上升342.5%。[1] 2020年新冠肺炎疫情暴发后，欧盟排放交易体系碳配额现货结算价大幅下跌，随着疫情受控，欧盟碳配额现货结算价反弹。从现货成交量看，2013年前欧盟碳交易市场成交量持续放大，持仓规模稳步上升；2013年后随着欧盟碳市场配额需求缩小，信用抵消机制趋严，碳排放水平下降，尽管通过压缩供给端能维稳碳交易价格，但成交量难以提升，持仓规模呈缩小趋势。欧盟政府从碳配额交易以及市场中获得拍卖收入后，通过二次分配的方式提升能效，推动能源结构转型，将绿色低碳驱动作为欧盟经济发展的新动力，反向促进经济发展，形成良性循环。通过引入市场稳定储备机制（MSR），持续调整碳配额总量上限，引导激励企业减排，是全球碳排放权交易市场的标杆。欧盟碳市场制定了第三阶段发展路线和第四阶段时间表：第一阶段（2005~2008年）自上而下分配配额，主要覆盖电力和工业领域。第二阶段（2009~2012年）配额总量略有下降，90%的配额基于基准免费分配，控排单位引入航空业，交易体系扩展到冰岛、挪威、列支敦士登，运用CER完成配额清缴工作不超过总配额的一定比例。第三阶段（2013~2020年）线性减少配额上限，逐渐以拍卖替代免费发放，57%的配额采用拍卖分配，覆盖行业扩展至发电、工业、制造业和航空业，并设立市场稳定储备机制（MSR）。第四阶段（2021~2030年）进一步减少配额上限，并按2.2%的系数每年递减。

（二）碳价格

自2005年以来，欧盟排放交易体系取得了快速进展。在第一阶段（2005~2007年），欧盟27个成员国的12000个排放设施分配了22亿吨二氧化碳排放限额。[2] 这些排放装置可以在欧盟内部的交易所或场外（OTC）市场交易其盈余排放限额。2005年欧盟排放交易体系的二氧化碳交易量为2.6亿吨，2007年为14.4亿吨，发展迅猛，在一定程度上反映了市场参与

---

① 根据欧盟委员会相关数据整理。
② Jos Delbeke, Peter Vis：《欧盟气候政策说明》，欧洲联盟，2016年。

者不断学习新兴金融市场的过程。① 但是，在 2005 ~ 2007 年 EUA 价格从 2005 年初约 7 欧元一路攀升至 30 欧元并在 20 欧元以上高位运行，在达到 31 欧元的峰值后，2006 年 4 月开始走弱，几个月后大幅下跌，跌破 10 欧元。第一阶段中后期，EU ETS 及全球碳市场的规模爆炸式的增长。欧盟碳排放配额期货产品（EUA）的价格在反弹回 20 欧元后进入下降通道，随着 EU ETS 第一阶段的结束和 EUA 过剩，EUA 价格逐步接近零。截至 2007 年末，EUA 交易量已达 20.6 亿吨，相较于 2005 年高出 5 倍多，交易额则将近 500 亿美元，占全球碳市场的 78% 以上。②

欧盟碳排放权贸易体系的第二阶段是 2008 ~ 2012 年。从 2007 年开始，该阶段各年 12 月交货的 EUA 合约价格呈上升趋势。2008 年欧盟颁布了气候和能源一揽子措施，EUA 价格攀升到历史高位（近 30 欧元）。2008 年下半年，随着全球金融危机加剧，欧盟经济受到影响，碳市场价格下降走软，从 7 月的 29 欧元，下降至 2009 年 2 月的不到 8 欧元。

EU ETS 进入第三阶段（2013 ~ 2020 年），由于欧盟经济复苏迟缓，EUA 价格在年初持续下跌。2013 年 4 月 16 日，欧洲议会投票否决了欧委会提出的"折量拍卖"计划，EUA 价格暴跌至 3 欧元以下。2013 年以来，欧洲委员会对 EU ETS 的改革使欧盟碳配额（EUA）价格逐渐稳定。2016 ~ 2017 年，EUA 价格在 3.91 ~ 8.14 欧元/吨波动；2018 年，EUA 价格开始稳步爬升，由年初的 7.75 欧元/吨上涨到年末最高 24.16 欧元/吨；2019 年 1 月，EU ETS 正式实行"市场稳定储备"机制作为长期控制配额盈余的方案，欧盟碳配额价格趋于稳定，全年价格在 18.7 ~ 29 欧元/吨之间。由于新冠肺炎疫情等突发因素，2020 年初 EUA 价格下跌，但之后随着疫情有所好转，碳价逐渐反弹。在进入市场规划的第四阶段后，受碳配额总量加速下降、信用机制的严格化、MSR 碳价稳定机制的引入等多方面因素共同影响，2023 年 2 月 21 日，欧盟基准碳配额主力期货合约价格（EUA，下同）首次突破 100 欧元/吨，创出 2005 年欧盟碳市场启动以来的新高③。

---

①② Jos Delbeke，Peter Vis：《欧盟气候政策说明》，欧洲联盟，2016 年。

③ 汪制邦：《欧洲碳价创历史新高对我国能源转型发展的启示》，载于《中国价格监管与反垄断》2023 年第 4 期。

（三）碳金融

"碳金融"源自《联合国气候变化框架公约》和《京都议定书》两大国际公约。

EU ETS 属于基于限额的交易体系，即为每一时期的碳排放设置一个总量上限，再将配额分配给各行业和企业，每一单位配额称为"欧盟碳排放权配额"，每单位 EUA 代表排放 1 吨二氧化碳当量的权利。配额能够在整个 EU ETS 市场流通，是 EU ETS 运行的核心。

分配过程的主要参与者是欧委会、欧盟成员国政府以及被纳入碳市场的企业。欧委会是 EU ETS 的总协调机构，其最重要的作用是强制控制碳排放总量并确保排放权交易的开展，企业是排放配额的主要接受者。欧盟对各成员国的排放设置了排放限额，各国的排放限额之和则为欧盟的排放总量。各成员国分别将本国的排放配额发放至国内 EU ETS 覆盖范围内的企业。

以企业为主的参与者之间的直接交易一般是通过电子登记等方式在市场上提出买卖需求，交易双方通过谈判，根据自身减排成本、市场价格和交易成本确定交易价格，并以合同方式确认交易的商品、价格和数量。合同成交后要向相关管理机构报告，管理机构负责批准、跟踪和确认交易完成情况以及企业达标情况，定期发布报告。非直接交易则由金融中介机构提供服务。支付方式以现货支付、期货支付和混合支付（现货＋期货）三种方式组成。

根据欧委会的初步统计，2009 年，欧盟 75%～80% 的交易量是衍生产品交易，包括远期、期货、期权和掉期交易。[1]

初期，EU ETS 约 80% 的交易量发生在场外市场，其中伦敦能源经纪商协会（LEBA）完成的交易活动占据了场外交易的 54%。[2] 为了规避场外交易的风险，2008 年金融危机后大部分交易活动逐渐转向场内交易或清算。

比如 2017 年在欧洲能源交易所及洲际交易所交割的碳期货合约交易总

---

[1] 根据欧盟委员会相关数据整理。

[2] 方怡向、王璐：《欧盟碳市场经验教训与中国碳市场发展路径》，东方金诚信用，2018 年。

量达到33.59亿吨，期货交易占到全部交易量的90%。2021年EUA期货成交的二氧化碳总量达到107.49亿吨，较2020年上涨了12.3%。

EU ETS主要的交易平台层包括欧洲气候交易（ECX）、欧洲能源交易所（EEX）、法国Blue Next环境交易所、荷兰Clime x交易所、北欧电力库（Nord Pool）、奥地利能源交易所（EX A A）、意大利电力交易所（IPEX）、绿色交易所（CME – Green X）、伦敦能源经纪商协会（LEBA）等9家机构。其中ECX、EEX、Blue Next和Nord Pool占据了市场交易量的绝大份额，2005～2008年，主要交易所的EUA交易量占EU ETS交易总量的近90%。

（四）履约机制

为保障排放交易体系的正常运作，以低经济成本实现减排目标，欧盟制定了遵约制度，要求受管制的排放企业严格遵守排放许可流程。每年初，受管制的排放企业需向管理机构提交排放申请，列出企业经营主体、经营地点、经营范围和所有排放源清单、用途、排放数据、监测计划以及每年上缴的排放配额等信息，由管理机构核发其年度排放配额，若未获得排放许可，企业将不得开展任何经营活动。每年3月31日前，排放企业须提交上一年度经过第三方机构核查的排放报告，并于4月30日前上缴与排放报告中实际排放量等额的排放配额。若实际排放量超过其核准的排放额度，排放企业需要从碳金融市场中购买排放配额，或使用联合履行机制（JI）、清洁发展机制（CDM）产生的减排量来对冲超额部分。为使企业灵活应对，欧盟允许排放企业进行排放配额的储蓄和透支。

所谓储蓄，是指排放企业今年剩余的排放配额可以保留到次年使用。各成员国可自行决定是否实行跨阶段配额储蓄，即第二阶段储存的排放配额是否可以在第三阶段继续使用。所谓透支，是指排放企业可以在本年度透支下一年度的配额，如2009年配额用尽，可以预支2010年的配额。如果排放企业的实际排放总量超过了其同一阶段内核准的排放配额，该企业将面临经济处罚，第一阶段（2005～2007年）罚金是每吨二氧化碳40欧元，第二阶段（2008～2012年）罚金是每吨二氧化碳100欧元。除了缴纳罚金，该企业还需在下一年度中用一定数量的排放配额来进行补偿。据统计，欧盟排放交易体系中受管制排放企业的历史遵约率很高，保持在98%左右。[①]

二、美国加州碳市场

与美国联邦层面早期应对气候变化的消极态度相反，加州在控制温室气体排放方面一直十分积极。作为美国第二大温室气体排放源，美国加利福尼亚州（以下简称"加州"）于2007年2月加入了美国和加拿大部分地区达成的西部气候行动（WCI），旨在共同减少温室气体排放。2012年，启动了碳排放"限额与交易"计划，即加州碳市场，第一个履约周期于2013年1月启动。2014年，加州碳市场和魁北克碳市场实现了链接。

（一）配额分配方式

加州碳市场的配额分配包括两种形式：免费分配和拍卖。初期，采取免费发放大部分配额的方式以避免纳入企业的成本大幅上升，之后免费分配的比例会逐步下降。

加州的大多数工业设施在初期都获得了免费配额，但后续的免费配额比例将根据不同行业的碳泄漏风险程度而有所不同。免费配额主要分配给电力企业（不包括发电厂）、工业企业和天然气分销商。高风险行业在三个合规期均可获得100%的免费津贴，而中风险和低风险行业的免费津贴数量将呈递减趋势。加州在碳市场初期会免费给予这类企业较多的排放权份额，免费配额占企业总排放的90%，但是随后免费分配量逐年递减。

对于工业企业、电网企业和天然气供应商，加州碳市场采取不同的方法进行免费分配。

对工业设施的分配采取基于产量和基于能源消耗的标杆法。对于基于产量的标杆法，加州空气资源委员会（CARB）计算的是每单位产量的配额，而对于基于能源消耗的标杆法，CARB计算的是每单位能源消耗的配额。两种标杆法最显著的区别是，基于产量的标杆法是可调节的，而基于能源消耗的标杆法是固定的。基于产量的标杆法分配的配额由于产出水平的变化每年

[①] 方怡向、王璐：《欧盟碳市场经验教训与中国碳市场发展路径》，东方金诚信用，2018年。

都会更新，而基于能源消耗的标杆法配额分配在历史基准线水平上是保持不变的。为了鼓励加州持续的产出增加，所以 CARB 更偏好基于产量的标杆法。根据碳强度（EI）和贸易风险（TE）测算的碳泄露的风险，加州将行业分成了高泄漏、中等泄漏和低泄漏三类。三种类型的行业每年工业援助因子不同，即免费分配的配额比例不同。其中，第一阶段，三种类型的实体均是 100% 免费分配配额；第二阶段，对高泄漏类实体免费分配所有配额，对中等泄漏类免费分配 75% 的配额，对低泄漏类免费分配 50% 的配额；第三阶段，对高泄漏类实体的分配不变，中等泄漏类和低泄漏类企业免费分配的比重分别下降至 50% 和 30%。

对电网企业，公有的电力设施可以将直接分配的配额分别放入有限使用的持有账户和履约账户中。2012 年，公有的电力设施有限使用的持有账户中 1/3 的配额必须在当年的两轮拍卖中进行出售。2012 年后，有限使用的持有账户中所有的配额必须在每年的拍卖中进行出售。每个电力设施的拍卖收益应当仅被用于该设施的纳税人，而投资者所有的电力设施的配额需全部放入有限使用的持有账户。同时，针对投资者所有的电力设施设计了双重拍卖机制。投资者所有的电力设施在获得配额后，不能直接用来履约，而需要将这些配额投入拍卖市场出售，且拍卖所得收益必须服务于纳税人。投资者所有的电力设施履约所要求的配额需要其与其他排放企业一同参加拍卖竞拍获得。通过设计两次拍卖，让投资者所有的电力设施同时成为买家和卖家的原因在于：首先，这种机制设计能使监管部门更高效地指定和引导拍卖收益服务于纳税人；其次，这种机制设计能避免在能源市场创造扭曲现象，以保证公平竞争；最后，双重拍卖也为拍卖市场带来了更多的参与者与配额交易，增进了市场活力。

对天然气企业分配基于 2011 年的排放量确定。天然气供应商的配额等于其 2011 年的排放量乘以总量调整因子。天然气供应商可以自行分配其履约账户和有限使用的持有账户的配额数量，但在每年 9 月 1 日前必须告知主管部门其每个账户中的配额比例。2015 年，有限持有账户中配额的比例至少为 25%，之后每年增长 5%。2015 年之后，对天然气供应商也将采用类似电力设施的机制，所有免费分配的配额必须进行拍卖，拍卖收益必须用于纳税人。

加州碳市场的拍卖为季度性的单轮、密封、统一价格拍卖。包含三种拍卖类型：当期配额拍卖、未来配额提前拍卖和委托拍卖。

当期配额拍卖是指拍卖当前和以往预算年的配额。从 2013 年开始，在每个季度的拍卖中，当前预算年配额的 1/4 用于拍卖。当期配额拍卖中的配额可立即用于履约。

未来配额提前拍卖是指拍卖未来预算年的配额。从 2013 年开始，每个未来配额提前拍卖将提供从当前预算年往后第三年配额的 1/4 用于拍卖。未来配额提前拍卖中的配额不能立即用于履约，应持有到配额的生效年份。未来配额提前拍卖使纳入实体能够对配额进行长期规划，同时保证了未来尽早履约。

委托拍卖是指拥有有限使用的持有账户的实体必须将其有限使用的持有账户中的配额在季度拍卖中进行出售，这种规定称为"货币化要求"。2012 年，配电企业必须将其有限使用的持有账户中 1/3 的配额参与拍卖。2012 年后，其有限使用的持有账户中所有的配额必须参与拍卖。2015 年开始，天然气供应商必须在拍卖中出售其有限使用的持有账户中所有的配额。

灵活机制包括三个方面：一是配额价格控制储备机制，在该机制下，只有履约实体才能参与购买出售的储备配额，储备配额以固定价格出售，用以调控配额价格；二是设置不同的账户类型，加州碳市场的账户类型分为履约账户和持有账户两类，履约账户中的配额只能用于履约，而持有账户中的配额则可以自由买卖和交易，但持有账户受到持有限制的约束，设计持有限制的目的在于防止个体获得过多配额而操纵市场；三是配额的存储和借贷，加州碳市场允许配额存储，且不会过期，但数量会受到持有限制的约束，同时还允许配额的借贷，但借贷的未来年份的配额仅被允许在配额短缺时用于履约。

现在，加州碳市场纳入行业包括商用、民用天然气、交通、电力和工业等，门槛为年碳排放超过 2.5 万吨的企业，已纳入大约 500 家企业，覆盖加州约 80% 的温室气体排放。2015 年加州配额总量为 3.945 亿吨，而 2019 年和 2020 年加州配额总量则分别为 3.463 亿吨和 3.342 亿吨，配额总量呈逐年收紧趋势。[①]

---

① 国际碳行动伙伴组织（ICAP）：《全球碳市场进展：2021 年度报告执行摘要》，国际碳行动伙伴组织，2021 年。

（二）碳价格

加州碳市场于 2013 年正式启动，随后于 2014 年与加拿大魁北克省碳交易市场形成链接，双方进行联合拍卖和履约。加州碳市场建设可分为四个发展阶段，每年都按一定的递减速率减少碳配额。2018 年加州碳市场进入第三个阶段（2018～2020 年），碳配额递减速率提升至 3.3%。2020年加州碳市场将排放上限调整为 3.34 亿吨二氧化碳当量，较 2018 年减少了0.24 亿吨。2021 年加州碳市场进入第四阶段（2021～2023 年）及其后，在 2021～2030 年，配额上限每年下降约 0.13 亿吨 CO_2e（二氧化碳当量），平均每年下降约 4%，以在 2030 年达到 2 亿吨 CO_2e（二氧化碳当量）的配额上限。[①]

目前，加州碳交易市场已经举行 8 次拍卖。其中，2013 年拍卖五次（包括 5 次 2013 年配额"V13"和 5 次 2016 年配额"V16"的提前拍卖）。2013 年五次拍卖累计成交量达到 81052928 吨，除了第一次拍卖底价为 10美元/吨外，其他四次均为 10.71 美元/吨，成交价均高于拍卖底价。2014年度已经进行三次拍卖，累计成交量达 22473043 吨，拍卖底价为 11.34 美元/吨，成交价高于拍卖底价，较 2013 年小幅上升。[②]

2014 年第 1 期的拍卖价格与 2013 年 11 月第 5 期拍卖价格持平，达到 6期拍卖中的最高值。另外，这也是连续 3 期未来年份配额全部拍出，说明企业对未来年份配额的需求逐渐增强。2014 年 8 月 18 日，美国加州空气资源局进行了第 8 期加州碳配额拍卖。截至本次拍卖，加州配额拍卖为加州政府带来的收入共计 8.33 亿美元。[③]

2015～2016 年，加州碳市场的配额拍卖价格一直稳定在 12 美元/吨左右。由于疫情的影响，加州碳市场配额拍卖价格从 2020 年初高位 17.87 美元/吨下滑，之后逐渐恢复并回归稳步上涨的路径，于 2021 年达到历史最高值，价格突破 28.26 美元/吨。2017 年 9 月，加州碳市场交易价格上涨至

①② International Carbon Action Partnership. Emissions trading worldwide. ICAP status report 2023 [EB/OL]. 2023 – 03 – 22.

③ 陈星星：《全球成熟碳排放权交易市场运行机制的经验启示》，载于《江汉学术》2022 年第6 期。

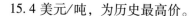

15.4 美元/吨，为历史最高价。

加州魁北克碳市场的初始配额发放以拍卖为主，每个季度会进行一次拍卖。2023 年 11 月的第 37 次拍卖均价为 38.57 美元/吨，较上一季度上涨 9.97%。本次拍卖总成交量为 6372 万吨。

（三）碳金融

加州碳市场碳金融衍生品主要有期货等，包括加州碳 0 排放配额期货（CAY）和加州碳排放抵消期货（CCO）。

根据 AB32 法案的规定，为了确保 2020 年温室气体减排目标的实现，加州碳市场编制了《界定计划》，明确如何用最经济的方法，最大限度地激发技术减排潜力，从而实现 2020 年的温室气体减排目标。《界定计划》是加州实现温室气体减排的具体行动框架，于 2008 年 12 月 12 日正式通过，每 5 年更新一次。第一次更新于 2014 年 5 月 22 日通过，加州碳市场正在进行计划的第二次更新，以反映行政命令 B‒30‒15 中的 2030 目标。

加州碳市场在最初的《界定计划》（2007～2008 年）中提出了一系列重要的行政和市场手段，其中包括清洁汽车项目、可再生能源配额标准、低碳燃料标准，以及二氧化碳总量控制和交易项目。碳排放权交易项目是这项计划的重要组成部分，旨在通过为碳排放制定阶段性的排放目标，以及为温室气体定价，来鼓励减排并促进创新，从而以最低的成本实现 AB32 的减排目标。

第一次更新的《界定计划》（2013～2014 年）。加州碳市场于 2014 年 5 月 22 日对最初的《界定计划》进行了更新，旨在确定加州应对气候变化的下一步工作，同时为长期深入的减排设定明确的路径。更新后的计划在最初计划的基础上，提出了新的计划和建议。其中，碳市场被确定为 9 个重点领域之一，以在加州未来的气候和能源政策中共同协作，解决不同经济领域的问题。

第二次更新的《界定计划》。2015 年 4 月 29 日，州长发表了行政命令 B‒30‒15，为加州建立了一个中长期的温室气体减排目标：到 2030 年温室气体排放较 1990 年的水平下降 40%，到 2050 年下降 80%。中长期目标对于构建政策、法规、工作计划的框架有很大的帮助。州内所有对温室气体排放有管辖权的政府机构应采取措施以实现 2030 年和 2050 年的温室气体减排目标。加州碳市场负责计划的第二次更新，以反映行政命令 B－30－15 中的 2030 年目标。[①]

(四) 履约机制

加州建立了 20 个行业核算报告方法，坚持引用第三方核查机构并对其进行严格的培训和资格管理。目前，加州共有合格的第三方核查机构超过 40 个，核查人员超过 200 人。根据其规定的强制性规则，年排放量大于 10000 公吨二氧化碳的实体有义务每年进行报告。实体必须实现内部审计、质量保证和控制系统以采用数据的报告。而年排放量大于 25000 公吨二氧化碳的实体报告的数据会由独立第三方核查机构核查。

同时，实体必须保存所有的记录至少 10 年，在收到 CARB 书面申请的 20 天内必须提交相关记录。相关记录包括：提交的所有报告和数据的复印件；用于计算履约义务的记录；排放和产量数据的核查报表；详细的核查报告。

加州碳市场的履约分为年度履约和履约期履约两种，一个碳排放权交易实施阶段为一个完整的履约期。对于年度履约，实体需在次年的 11 月 1 日前上缴相当于其上一年排放 30% 的配额或抵消信用。对于履约期履约，在每个履约期末，实体需要把上一个履约期所有剩余未缴的配额缴清，以完成履约期履约义务（第一个履约期为 2 年，第二、第三个履约期为 3 年）。

此外，加州碳市场不允许任何交易涉及操纵设备、欺骗、伪造或错误报告，违反规定的实体将会被处以民事和刑事处罚。如果纳入实体和选择性加入的实体未能按时履行年度和履约期的履约义务（未及时履约是指履约截止期后，第一次拍卖或配额储备出售的 5 天内，未履行履约义务），将被处以 4 倍未及时缴纳的配额量的处罚，此外，如果企业没有在处罚生效 30 日内履行义务，将被加州空气资源管理委员会处以超出配额部分每个配额每 45 天 25000 美元的罚款。

---

① 加州土地委员会：《EXECUTIVE ORDER B－30－15》，https：//www.slc.ca.gov/sea－level－rise/governor－browns－april－29－2015－executive－order－b－30－15/。

三、美国区域碳市场

2009 年，美国区域温室气体减排行动（RGGI）正式开始实施，覆盖美国东北部的新泽西州、康涅狄格州、特拉华州、缅因州、马里兰州、马萨诸塞州、新罕布什尔州、纽约州、罗得岛州和佛蒙特州、维吉尼亚州等 11 个州（新泽西州在中途后退出后又于 2020 年初重新加入）。

（一）配额分配方法

RGGI 的配额分配分为州和企业两个层次：第一个层次是 RGGI 的总配额对各州的分配；第二个层次是各州的配额对发电企业的分配。

根据 RGGI 各州的历史二氧化碳排放量，RGGI 确定各州的基础配额，同时根据人口、发电量、新排放源的预测等对各州的配额进行调整。所有签发的配额要遵守 RGGI 的配额总量。

RGGI 是首个完全以拍卖方式分配州内发电企业配额的总量控制与交易体系。2007 年，纽约州能源研究开发中心（NYSERDA）代表 RGGI 聘请了多位来自弗吉尼亚大学和未来资源的专家就各州如何设计、完善与实施配额拍卖工作向 RCGI 提出建议。其报告提出了包括制定价格发现、确保透明、避免市场操纵等 16 条建议，建议采用统一价格、密封投标与单轮竞价的方式。

拍卖的频率和时间是发电企业关注的关键问题。第一，发电企业希望未来配额的价格和可得性存在一定程度的确定性，使他们更好计划其未来的投资。第二，发电企业希望在区域独立系统运营商（ISO）拍卖前进行配额拍卖，使发电企业能够确保未来需要满足相关合同义务的配额。第三，一方面，发电企业希望拍卖的频率足够频繁，以满足其短期内的碳排放需求。同时，发电企业希望拍卖的规模足够小，从而避免现金流的不足以及潜在的较高的借贷成本损害其购买配额的能力。另一方面，发电企业不希望拍卖的频率过于频繁，规模过小，因为此种情况下参与拍卖存在较高的交易成本。

频繁的小规模拍卖通过限制每次拍卖的配额数量能够在一定程度上防止购买者通过拍卖操纵市场情况的出现。同时，高频率的拍卖能够促进市场的流动性。此外，频繁的小规模拍卖会防止在特定时间向市场上发放大量配额而给现货市场造成混乱。

理想的拍卖频率需要权衡执行拍卖的行政成本以及参与企业的交易成本。以往的经验表明，拍卖的行政成本与拍卖的初始设置有关，包括拍卖规则的制定，开发拍卖软件以及建立投标人的资格预审机制，此后重复特定拍卖的新增成本相对较少。

RGGI 仅将电力行业纳入碳市场，门槛为超过 25 兆瓦的化石燃料发电厂，包含超过 225 家发电厂。从 2015 年开始，碳配额总量每年下降 2.5%，至 2019 年累计下降 12.5% 达到 8018 万吨。在 2020 年新冠肺炎疫情冲击之后，市场配额在控制放松的情况下连续两年上涨，2020 年配额规模达到 9618 万吨，而 2021 年更是达到 1.20 亿吨，直到 2022 年才重新回落到 1.16 亿吨的水平。①

此外，RGGI 规定各州至少要将 25% 的配额进行拍卖。拍卖配额的具体比例由各州的法规文件决定。各州大部分的配额通过拍卖的方式分配，远远超过了 25% 的规定。

对于其余 75% 的配额，RGGI 规定各州可自行决定分配方法。如康涅狄格州，除了每年将 95.5% 的配额分配至拍卖账户外，还设置了清洁能源自愿购买预留账户，消费端分布式资源预留账户和热电联产有用热能预留账户，每个账户分配了 1.5% 的配额。进行了清洁能源资源购买，生产了有用的净热能或参与了消费端分布式资源计划的二氧化碳，预算源免费分配以上账户中的配额。而新罕布什尔州规定，主管部门将年度预算中 1% 的配额储存至紧急预留账户中，并在紧急情况下以最新的拍卖出清价格将该配额出售给相应预算源。

（二）碳价格

初期，由于 RGGI 欠缺碳限额交易的联邦层面的立法，存在芝加哥气候交易所会员不多、交易规模不大及交易价格不高的局面。1 个交易单位碳金融工具合同（1 个交易单位代表 100 公吨的二氧化碳）的最高价格为 $7.4，

---
① RGGI Fact Sheet：Investing in the Clean Energy Economy. RGGI, 2022.

最低价格为 $0.05，① 芝加哥气候交易所 2006 年完成第一阶段的交易活动，2010 年 10 月交易活动停止，2011 年第 3 期交易活动取消。历时 8 年的自愿参与的限额交易实现排放量减少 7 亿公吨，类似于每年公路上减少了 1.4 亿部机动车。其中 88% 减排量来自工业，12% 减排量来自排放抵消项目。芝加哥气候交易所不再进行交易，但是依然保留排放抵消项目。交易所从 2003 年起发展排放抵消项目，② 已产生经第三方认证的 8000 万吨排放抵消信用额，其中有 200 万吨来自中国，这些信用额仍然有效，可以转入其他地方性碳交易市场继续交易。

2013 年，RGGI 实施了配额总量设置的动态调整机制，碳现货价格不断上升，2015 年达到了最高值，2016 年有所下降。2018 年拍卖价格为 4.87 美元/吨，此后开始一路上涨，于 2021 年达到历史最高位，突破 14.33 美元/吨，相比 2020 年初价格涨幅达到 131%。③

2021 年，美国的明确碳排放价格由排放交易系统（ETS）许可价格组成，涵盖了温室气体（GHG）排放的 6.4%。总体而言，美国 32.4% 的温室气体排放在 2021 年达到正净有效碳率（ECR），高于 2018 年的 31.6%。自 2018 年以来，明确碳价格涵盖的排放份额增加了 0.8 个百分点。燃料消费税是一种隐含的碳定价形式，在 2021 年覆盖了 28.4% 的排放量，自 2018 年以来没有变化。2021 年化石燃料补贴覆盖 4.5% 的排放量，自 2018 年以来没有变化。平均每吨的碳价格已上涨至 0.96 欧元，相较于 2018 年上涨了 0.4 欧元（71.4%）。2021 年，燃油消费税平均为 11.27 欧元，较 2018 年下降 0.27 欧元（2.3%）。化石燃料补贴已降至每吨二氧化碳当量 0.12 欧元，较 2018 年下降了 20%。美国碳价格的变化主要受到通货膨胀的影响。以 2021 年欧元计算，温室气体排放的平均净 ECR 自 2018 年以来增长了 1.3%。以实际美元（在 2018～2021 年相对于欧元贬值）计算，平均净 ECR 增加了 1.5%。以名义美元计算，由于通货膨胀贬值，自 2018 年以来，平均净 ECR 增长了 9.5%。④

---

①③④ 齐绍洲、程思、杨光星：《全球主要碳市场制度研究》，人民出版社 2019 年版。

② 陈星星：《全球成熟碳排放权交易市场运行机制的经验启示》，载于《江汉学术》2022 年第 6 期。

（三） 碳金融

标准的金融衍生品的交易早期主要在芝加哥气候期货交易所和绿色交易所进行。大部分衍生品最终表现为配额的转移，需要在二氧化碳配额跟踪系统中完成。每个配额都有一个唯一的编号并用于履行 1 短吨的履约义务。当企业在二级市场进行配额交易时，卖方必须在买方被认定为所有者前在 COATS 系统中记录所有权的转移。交易方式主要分为场内交易和场外交易，场内交易是指通过交易所的公开交易，它具有操作方便、交易产品标准、能有效消除合约方违约风险的优点。场外交易则对那些希望非标准化条款合约的企业更有吸引力。对于更中意购买包含标准配额和其他产品或服务的复合产品的履约实体，场外交易可以针对其各种需求量身定做产品。但场外交易存在信息不对称性的缺陷，买卖双方承担较高风险。

RGGI 的二级市场包括配额交易和如期货、远期和期权合约的金融衍生品交易。总量限制与交易市场设计的初衷是为了激励企业减少或抵消碳排放。从长期看，碳市场将影响企业决策，激励其发展抵消项目，淘汰老旧的无效率的设备，同时提高能源效率实现碳强度的降低。可预测的配额价格能够降低企业长期减排投资的风险。发电企业可以利用期货合约以将未来碳配额的价格锁定，降低碳配额价格波动带来的不确定性和风险。

美国森林公司（American Forests）的碳融资方法。美国森林公司正在改进美国碳市场的工作方式，以更好地纳入碳融资机会，以解决基于重新造林的碳清除的挑战性财务问题。该公司正在推进一种创新方法，以克服重新造林碳融资的现有障碍，并在生态丰富且适应气候的森林中产生碳去除。这种方法是基于结果的重新造林碳融资的一种形式。重新造林碳融资为野生动物栖息地的显著改善和增强的碳封存提供资金，而不是为种植的树木数量或重新造林的英亩数等产出付费。与传统的植树合作伙伴关系相比，美国森林公司以成果为基础的合作伙伴关系通常涵盖了更长时期内重新造林所涉及的更多成本。

该公司认为，树股权催化剂基金（Tree Equity Catalyst Fund）将通过资助美国城市社区的树木平等（Tree Equity）发展，帮助城市更具包容

性、安全性、弹性和可持续性。该基金将优先考虑致力于创建树木金融，但历来缺乏大规模公共资金的资源或经验的城市和一线组织。该基金的赠款将提供申请和利用《通货膨胀减少法案》具有里程碑意义的联邦资金所需的支持。

（四）履约机制

RGGI 的监管主体主要为监管机构或者其设在各成员州的代理机构，负责配额跟踪系统的管理、排放监测和报告制度以及履约制度的执行等。

RGGI 通过三个系统保障监测和报告的准确性。首先，RGGI 预算源应根据《美国联邦法规》第四十章七十五条的规定，安装符合要求的监测系统，在规定的时间内按季度向主管机构提交监测报告。其次，RGGI 引入统一的交易平台，二氧化碳配额跟踪系统对一级市场的拍卖和二级市场中的交易数据进行监管、核证。最后，就市场活动的监管事宜，作为专业、独立的市场监管机构 Potomac Economics 受 RGGI 委托，负责监管一级市场拍卖及二级市场的交易活动。

为了确保排放量监测的精确性，监管机构规定各预算源应建立连续排放监测系统用于记录预算源的温室气体排放指标，且系统监测的排放量直接为预算源的履约量。该系统至少每 15 分钟进行一次记录，并永久记录烟气体积流量、烟气含水率和二氧化碳浓度等。

四、日本东京都碳市场

建立全国性碳市场在日本的计划之内，日本计划筹建的全国性 ETS 由国家政府主管，主要针对电厂和钢铁厂等超大型的排放源，目标将全国碳排放的一半纳入其减排计划。但是由于各种原因这一计划迟迟未能付诸实践。因此，日本搁置了全国碳市场建设计划，先从东京都做起。2010 年 4 月，东京都碳市场正式启动，它是日本也是亚洲的首个碳市场。

（一）配额分配法

东京都碳市场所纳入设施的一般分配规则表明现有设施在每个承诺期开

始之初可以免费获得除去为新增设施预留配额的剩余配额。相关设施的配额分配采取的是基于历史排放量的祖父分配法，具体计算方法：

祖父法分配配额＝基年排放量×履约因子×承诺期（5 年）

新增的办公大楼及其他在 2010 年以后新进入碳市场的建筑共同分配为新进设备预留的免费配额。配额的分配方法有两种：一种是基于历史排放量的祖父分配法则，另一种是基于排放强度标准的分配方法。只有气候变化措施的推进水平满足了《设施运营管理标准指南》（*Guideline for Certification of Operation Management in Facilities*）的设施才能选用第一种方法，以避免在按祖父法则分配配额的情况下，新进入者在进入之前故意大量排放温室气体以获得较多的配额（见表 1－3）。

表 1－3　　　　　　　　　　商业部门相关设施运营管理

运营管理		运营管理条件
制暖供暖设备	禁止制热设备的非必要运行	制暖设备开启时间最早不得早于供应端空调设备开启一小时，且应在供应端空调关闭前关闭
	禁止空调泵的非必要运行	空调泵开启时间最早不得早于供应端空调设备开启一小时，且应在供应端空调关闭前关闭
空调及通风设备	禁止空调设备的非必要运行	空调设备开启时间最早不得早于房屋使用时间一小时，且应在结束使用房屋前关闭
	禁止设置过高的室内温度	用空调取暖时室内的最高设置温度不得高于22℃，用空调降温时室内的最低温度设置不得低于26℃
照明及电子设备	禁止非必要照明	按照房屋使用时间来控制照明时间

第二种方法中基年排放量为排放活动指数与排放强度标准的乘积。排放强度标准是参照《能源相关 CO_2 排放量监测和报告指南》（*Guideline for Monitoring and Reporting Energy–Related CO_2 Emissions*）给出的，具体数据如表 1－4 所示。

表 1-4 各类设施的排放强度标准

办公室	面积（平方米）	85（千克二氧化碳每年/每平方米）
办公室（公用办公楼）	面积（平方米）	60（千克二氧化碳每年/每平方米）
信息交流	面积（平方米）	320（千克二氧化碳每年/每平方米）
广播站	面积（平方米）	215（千克二氧化碳每年/每平方米）
商业	面积（平方米）	130（千克二氧化碳每年/每平方米）
住宿	面积（平方米）	150（千克二氧化碳每年/每平方米）
教育	面积（平方米）	50（千克二氧化碳每年/每平方米）
医药	面积（平方米）	150（千克二氧化碳每年/每平方米）
文化	面积（平方米）	75（千克二氧化碳每年/每平方米）
配送	面积（平方米）	50（千克二氧化碳每年/每平方米）
停车场	面积（平方米）	20（千克二氧化碳每年/每平方米）
工厂及其他	—	历史排放量的95%

（二）碳价格

从运行效果看，东京都碳市场的第一个履约期超额实现了碳排放降低
6% ~8%的目标。东京都碳市场所有覆盖设施在第二个履约期达到了预期目
标，减排量降低15% ~17%的目标。东京都碳市场允许使用抵消量进行履
约，可用于履约的抵消量品种有：东京都内未被覆盖的中小型场所、东京都
外的大型场所和可再生能源产生的抵消量。截至2018年9月，东京都共签
发抵消量1千余万吨，累计交易量67万余吨。同时，东京都控排对象还从
埼玉县碳市场总计购买了约5000吨的碳排放权用于履约。[1] 东京都碳市场
的碳排放配额价格初期较高，随着市场的日益成熟，碳价趋于下降，从
2011年的1.25万日元/吨约合人民币767.7元，降至2018年的650日元/吨
约合人民币39.9元。

---

① Tsutomu Hiraishi, Gavin Raftery, Yugo Nagata. Regulation of Emissions Trading in Japan［R］.
Baker Mckenzie, 2007.

（三）碳金融

东京都碳市场中有五种碳信用：剩余碳信用（Excess Credits）、中小型设施碳信用、可再生能源碳信用、非东京都碳信用（Outside Tokyo Credits）、埼玉县碳信用。后四种碳信用统称为抵消碳信用。

参与减排的企业超过法定减排量的部分可以在承诺期内用于交易，计算公式为：

法定减排量＝基年排放量×履约系数×承诺期内过去的年数

这一规定使减排企业可以在 2011 年即第一减排承诺期的第二财年开始启动碳排放权交易。

在此，借用两个实例来介绍剩余碳信用额度的确定。

假设参与减排设施的基年排放量为 10000 吨，履约系数为 8%，其剩余碳信用额度的计算如图 1-1 所示。

在计算剩余碳信用额度时有两点需要注意：第一，剩余碳信用额度的售出量不得超过减排设施基年排放量的一半，例如，某设施的基年排放量为 10000 吨时，其可出售的剩余碳信用量不得超过 5000 吨，如果该设施减排合规系数为 8%，即其法定减排量为 800 吨，那么当该设施某年的排放量为 4000 吨时，则该设施当年可出售的剩余碳信用量为 5000-800＝4200（吨）；该设施某年的排放量为 6000 吨时，则该设施当年可出售的剩余碳信用量为 4000-800＝3200（吨），具体计算方法见图 1-2。

第二，除二氧化碳外的其他温室气体减排量对剩余碳信用额度的影响。二氧化碳外的其他温室气体的减排量不能用于交易，但是它们可以用于完成法定减排义务，这样一来可用于交易的剩余碳排放信用额度便可以增多（见图 1-2）。

（四）履约机制

东京都碳市场监管机制的核心是 MRV 制度。碳市场中对企业和设备层面点源温室气体排放的测量、报告与核查有两个重要的目的：核准初始排放量，为减排配额的初始分配提供依据；核准减排设施每财年的减排额度，作为评判其减排义务履行情况的重要依据。由此可见，MRV 是减排配额商品化的一个重要技术基础。

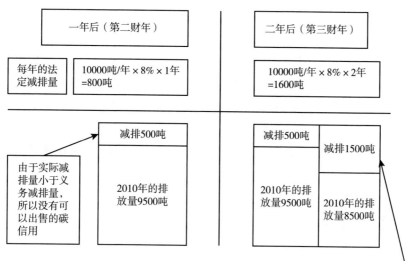

两年的总排放量为2000吨，除去两年的法定减排总量1600吨，还有400吨可以出售的剩余碳信用额度。

图1-2 碳信用额度计算方法

2009年7月，东京都政府出台了以纳入碳市场的减排设施为对象的《温室气体计算指南》，以第三方认证机构为对象的《申请认证资格指南》以及以获得认证资格的第三方认证机构为对象的《温室气体排放认证指南》。这些规范指南的出台使各主体能依据清晰的规则做好温室气体的计算、监测、报告以及核查工作，保证了碳市场的公平性。

参与到配额分配中的设施有义务将其排放量控制在排放限制量以下，这是法定义务，违背会受到罚款（50万日元）、通报、按未完成比例征收额外费用等惩罚。额外费用由政府来决定，以吨为单位进行计算。这也就是说未完成减排义务的企业在交完罚款后，依然要承担从别处购买配额完成其减排任务的费用。

一般都是在一个承诺期结束后的那一年进行履约评估。举例来说，始于2010年结束于2014年的承诺期的履约评估将在2015年进行。参与配额分配的设施有义务在2015年向政府提交其在承诺期内的总排放量。至此，排放量超过其配额的设施要在 2015 年内通过碳排放权交易将其最终排放量（实际排放量减去其通过碳排放权交易获得的排放量）降低到配额以下。根据政府规定未完成减排义务的企业需要通过碳排放权交易获得的排放量等于实际排放量减去限额再乘以 1.3。

在政府命令执行限期之前未能达到要求的设施将被处以 50 万日元的罚款，政府还将通报未完成减排任务的设备名称以及减排义务的违背情况。

此外，碳市场覆盖的未能按要求提供温室气体排放报告并公开其排放信息的设备，将被处以 50 万日元罚款并予以通报。

为保证各项义务的履行，由第三方认证机构针对各种义务的违背情况制定相应的罚款及其他的惩罚措施。

五、韩国碳市场

韩国是重要的温室气体排放国，也是东亚地区率先建立国家层面碳市场的国家。碳市场建设的重要特色是通过国家立法自上而下渐进推动。在法律层面，韩国国会通过的《低碳绿色增长框架法》奠定了韩国应对气候变化以及通过市场手段实现温室气体减排的法律基础。于 2015 年 1 月正式启动了全国碳排放交易市场，成为亚洲首个全国性碳排放交易市场，也是目前世界上仅次于 EU ETS 的第二大碳排放交易市场。

（一）配额分配方法

韩国碳市场覆盖范围包括热力、电力、工业、建筑业、废物处理、交通运输（含境内航空业）和公共事业等 6 大领域，门槛为年碳排放超过 12.5 万吨的企业或者拥有年排放超过 2.5 万吨单一设施的企业，纳入排放企业数量达到 685 家，覆盖韩国约 70% 的温室气体排放。自 2021 年起，韩国碳市场进入第三阶段，该阶段初期配额总量设置为 5.89 亿吨，并在 2025 年前逐年递减 0.96%。[①]

考虑到企业参与的积极性及其竞争性的影响，韩国碳市场的配额发放采

---

① 潘晓滨：《韩国碳排放交易制度实践综述》，载于《资源节约与环保》2018 年第 6 期。

用由 100% 免费发放的形式逐渐过渡到拍卖的形式。第一履约期（2015 ～ 2017 年）的配额将全部免费发放给企业，不采用拍卖的方式。包括电力、钢铁和化工的大多数部门将根据历史法，即基准年（2011 ～ 2013 年）的平均温室气体排放量获得免费配额。而包括水泥熟料、炼油厂和民航业在内的三个部门将根据标杆法，即基准年（2011 ～ 2013 年）平均温室气体排放量的行业标杆值来获得免费配额。

在配额初始分配中，韩国政府的不同职能部门经过磋商决定在企划财政部旗下成立排放配额分配委员会（Emission Allowances Allocation Committee）专门负责起草分配计划。配额分配方案将根据不同的交易期和产业部门制定不同的标准，涵盖实体必须事先填写并向委员会提交分配申请表格，不同阶段期的年配额分配量可以由委员会进行修改。在第一交易期，配额初始分配采用 100% 免费分配方式，免费配额将在第二交易期降至 97%，在第三交易期降至 90%。与此相对应，第二交易期和第三交易期的配额拍卖比例分别为 3% 和 10%。对于高风险碳泄露部门将获得 100% 的免费配额分配。在已经结束的第一交易期，大部分控排企业获得免费配额的计算基础将以 2011 ～ 2013 年的平均排放数据作为参考，采用祖父法进行分配。同时，水泥、炼油和航空企业采用基准线法进行免费配额的分配。第一交易期中，5% 的储备配额构成分别包括了 14Mt 二氧化碳的市场稳定储备配额、41Mt 二氧化碳的早期行动奖励配额、33Mt 二氧化碳的新入者配额和其他，运行过程中所有分配剩余的配额以及收回的配额将被计入配额储备中。

（二）碳价格

韩国碳市场运行初期碳配额价格处于低位，约 10 美元/吨，后逐步上涨，到 2018 年碳价格涨至 20 美元/吨左右。2019 年 11 月韩国采取减排目标继续收紧、拍卖比例上升、允许个人投资者参与等政策措施，使韩国碳市场碳价一路上涨。

2019 年期间，韩国碳市场的交易量为 0.38 亿吨，交易额为 7.44 亿吨。受 2020 年新冠肺炎疫情影响并在随后遭遇了 2021 年配额供过于求，碳配额价格分别发生两次暴跌，价格分别达到 16.53 美元/吨和 10.65 美元/吨两处低位。2020 年期间，韩国碳市场的交易量为 0.44 亿吨，交易额为 8.7 亿吨。2021 年期间，韩国碳市场的交易量为 0.51 亿吨，交易额为 7.998 亿吨。2022 年 2 月，受到俄乌冲突的影响，全球尤其是欧洲地区加快了新能源和碳排放市场建设进程。《2021 年碳市场回顾报告》显示，2021 年全球温室气体排放成本飙升，2021 年韩国的碳排放配额平均价格为 17 欧元每吨。[①] "韩国碳市场引入了一系列灵活的政策来应对市场价格的波动，如在价格过高时，政府可通过额外拍卖市场稳定储备中的配额、设置临时价格上限等措施进行市场干预。2023 年韩国的碳排放配额平均价格降为 9 欧元每吨。"[②]

（三）碳金融

从 2021 年进入市场运行新阶段后，韩国碳市场在做市商基础上，进一步允许金融机构参与抵消机制市场的碳交易，同时该阶段内也将逐渐向市场引入期货等碳金融衍生品。

韩国于 2009 年全面启动绿色金融计划，并于 2013 年和 2015 年分别推出环境信息披露制度和排放交易制度。然而，由于公共部门在绿色金融中扮演了主要角色，它们的使用并没有显著增加。如今，随着韩国政府努力改变能源结构，减少核能的比重，增加新能源和可再生能源的比重，绿色金融正在扩大。

旨在推动经济走出全球金融危机的"绿色新政"（Green New Deal）是 2009 年宣布的首批、也是最有效的政策之一。绿色新政迅速出台，将分配 50 万亿韩元（约 500 亿美元）的公共支出。2009 年已经支付了近 20% 的拨款，[③]确保了韩国免受全球金融危机的严重影响，实现了快速复苏。韩国绿色增长五年计划（5YPGG）所体现的绿色增长战略——恢复韩国在 20 世纪 90 年代放弃的五年计划传统——被转化为 10 个目标，为政府行动提供了蓝图，旨在推动韩国经济向新的、可持续的方向发展。

此外，为了使 5YGGP 成为有效的经济转型，政府确定了 27 个新的绿色"增长引擎"——包括预计将为韩国在 21 世纪提供新的出口平台的绿色技

---

①③ Deokkyo Oh, Sang – Hyup Kim. Green Finance in the Republic of Korea: Barriers and Solutions [R]. Asian Development Bank Institute, 2018.

② 能源经济预测与展望研究报告 FORECASTING AND PROSPECTS RESEARCH REPORT, CEEP – BIT – 2024 – 008, 中国碳市场建设成效与展望（2024），北京理工大学能源与环境政策研究中心。

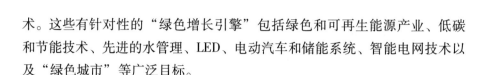

术。这些有针对性的"绿色增长引擎"包括绿色和可再生能源产业、低碳和节能技术、先进的水管理、LED、电动汽车和储能系统、智能电网技术以及"绿色城市"等广泛目标。

(四) 履约机制

在市场交易管理和履约责任的规定方面,韩国碳市场规定不能足额上缴配额的控排企业将面对当前市场价格 3 倍以上的罚款,数额上限为 10 万韩元每吨二氧化碳,约合 94 美元每吨。在第一期和第二期内,可以参与交易的实体包括碳市场涵盖企业,以及韩国中小企业银行、韩国进出口银行和韩国金融公司。第一交易期的韩国碳市场更多注重制度的建立和控排企业对市场过渡期的适应,市场交易的重要性显著降低,韩国交易所被指派为碳单位(配额与抵消信用)的交易机构。为了增加市场流动性与交易所业务,韩国优先允许一些抵消项目产生的自愿减排量进入市场交易,截至 2016 年 9 月,共有 72 项自愿减排项目获得认证,并获得 14.8Mt 二氧化碳的"韩国核证抵消信用"(KOCs)[1]。值得注意的是,KOCs 只能用于市场交易,而不能用于控排企业上缴履约。如果需要纳入履约,KOCs 单位还需要获批在特定预备期内转化为韩国核证减排量(KCUs),才能够在下一个履约期用于控排企业上缴,同时受到特定比例限制。根据韩国交易所数据,在第一交易期,"韩国核证抵消信用"(KOCs)的交易量占据了总交易量的 61%,韩国核证减排量(KCUs)交易量为 24%,韩国碳市场配额(KAUs)仅占据 15% 的剩余量。同时根据交易规则,KOCs 信用单位还可以用于场外交易。[2]

六、新西兰碳市场

有一定国际影响力的碳市场还有新西兰碳市场。新西兰是继欧盟之后第二个实施国家层面碳排放权交易体系的国家,政府在应对气候变化问题上采取的是"立法与政策配套相结合,以立法为主"的模式,重视以法律手段确定碳市场的法律地位。

---

[1][2] 潘晓滨:《韩国碳排放交易制度实践综述》,载于《资源节约与环保》2018 年第 6 期。

（一）配额分配方法

初始配额为免费分配，且在过渡期不实施拍卖。免费配额发放于 2010 年 7 月 1 日开始，在过渡期内"排二缴一"，所以免费分配给合法企业的新西兰排放单位（NZ Us）的数量也将是正常补贴的一半。政府对合法的工业活动的援助水平，从 2013 起每年减少 1.3%；对农业从 2016 年起每年减少 1.3%。

尽管国际上一些其他的排放配额单位同样也可以使用，但是政府规定在新西兰碳市场（NZ ETS）中，首要的排放配额标准是由新西兰官方制定的新西兰排放单位（NZU）。任何个人或实体都可以持有或交易 NZU，遵约实体可以将配额储备留用并在未来的履约期限内使用配额，但不得借用（做空）NZU。在首个《京都议定书》承诺期中，每个单位的 NZU 等同于一个京都单位，在过渡期结束时，新西兰排放登记簿会以京都单位为基准对 NZU 进行调整。这使 NZ ETS 的遵约实体可以通过登记簿将 NZU 兑换成京都单位并进行离岸出售。

NZU 具有的特定法律特性决定了其必须为持有者在贸易活动时或交易其所持有的 NZU 时提供足够的保障。这一法律特性包含了许多方面，包括在税收系统下对 NZU 的处理方式等。政府希望通过与既得利益相关者和非既得利益者协商配额单位的相关法律特性以确保双方能够对此达成确切共识。

具体而言，NZU 的免费分配在不同行业采取不同的方式。

渔业的分配采用祖父法，将获得 2005 年排放的 90%。林业中的免费配额只针对"1990 年前的林地"，分配将基于森林的性质和购买的时间。过渡时期内，林业的配额分配不考虑树种等因素。例如，2002 年 11 月 1 日前购买的"1990 年前的林地"每公顷获得 60NZU，免费配额分两次发放，2012 年 12 月 31 日前每公顷发放 23NZU，之后每公顷发放 37NZU。

工业免费分配的方式采用基线法，"排放基线"是以某种活动造成的单位产出平均排放，根据企业向政府提供的相关数据计算得出。这样，高效的企业将会获得收益，低效的企业也将得到鞭策。

（二）碳价格

新西兰政府将 2008～2012 年确定为过渡期（由于经济形势低迷，新西兰政府 2012 年 7 月宣布延长过渡期），在过渡期内采取的"价格政策"是政府定价和"买一送一"。为防止价格波动扰乱市场，新西兰政府将一个新西兰单位的交易价格固定为 25 新元/吨。在过渡期内，排放企业每排放 2 吨二氧化碳当量，只需对应支付 1 个新西兰单位，即排放成本为 12.5 新元/吨，相当于"买一送一"。这既可固定价格，防止市场混乱，维护市场稳定，又相对减轻了企业减排负担。

新冠肺炎疫情封锁期间，新西兰碳市场的碳价在 2020 年 3 月底短暂下跌至 14.35 美元/吨，但很快恢复并于 2020 年 6 月初超过 19.48 美元/吨，并在此后一直整体呈上升趋势，至 2021 年 10 月已经超过了 40 美元/吨。新西兰碳市场将 2023 年的配额上限设定为 0.323 亿吨二氧化碳当量，这一限制比以往更加严格。配额分配方式也进行了调整，采取有偿拍卖加免费的配额分配形式，林业等负排放行业可以直接获得免费配额，排放密集型和贸易密集型的工业活动可以获得一定比例（2023 年约 19.8%）的免费配额。此外，新西兰碳市场更新了价格稳定机制，设定了拍卖底价加成本控制储备机制，其中 2023 年的拍卖底价被定为 33.06 新元/吨，该机制触发价格为 80.64 新元/吨，这些措施旨在稳定市场价格并促进有效的排放控制。

在全球主要碳市场中，新西兰碳市场由于存在多项支撑碳价稳定的机制，价格走势一直较为平稳，因此预计新西兰碳市场未来仍较为稳定。

（三）碳金融

新西兰碳市场建立了新西兰排放单位（NZU）的交易市场。开展碳市场涵盖的活动的企业必须购买并向政府交出每产生一吨二氧化碳当量排放量的 NZU。NZU 可以在参与碳市场的企业之间进行交易。NZU 的供需是 NZU 价格的关键驱动因素。

新西兰碳市场覆盖《京都议定书》中全部 6 种温室气体，纳入行业包括林业、固定能源、渔业、工业、交通、合成气、废弃物处理和农业。NZ ETS 采取逐步推进的方式，覆盖行业逐步纳入，各行业在不同阶段拥有不同的权利和义务，其中最主要的权利和义务包括以下几种：上缴 NZU 以履行义务；通过森林碳汇赚取 NZU；免费获得 NZU（主要是农业和 EITE 企业）；自愿或强制性报告碳排放。

林业于 2008 年最早纳入 NZ ETS 并且在整个体系中发挥独特的作用。在过渡期，林业也可得到政府免费发放的配额，是受援助的行业，NZU 的固定价格为 25 新元，且"排二缴一"。

由于《京都议定书》规定不可使用 1990 年前森林产生的碳汇，新西兰以 1990 年为基准年将森林划分为"1990 年前森林"和"1990 年后森林"2 类，并区别对待。

"1990 年前森林"是指 1989 年 12 月 31 日已经是森林且到 2007 年 12 月 31 日一直是森林。2008～2012 年过渡期内，一共有 5500 万个新西兰单位供林地所有者申请领取。① 总之，针对"1990 年前森林"的制度设计，特别是免费配额制度，旨在加强现有林保护，控制毁林排放。

"1990 年后森林"是指 1989 年 12 月 31 日不是森林而之后通过造林成为森林，或在 1989 年 12 月 31 日已是森林但在 1990 年 1 月 1 日～2007 年 12 月 31 日出现毁林并在 2007 年 12 月 31 日后通过重新造林成为森林。不发放免费配额，因为在制定林业与碳市场的相关政策时，这些林地并不一定存在，因此难以明确量化。总之，"1990 年后森林"的制度设计旨在鼓励森林所有者加强造林，增加森林碳汇。

（四）履约机制

新西兰政府对新西兰碳市场参与者的测量、报告和核查遵循以下条款以确保其信息的真实性和准确性：（1）由独立的第三方机构对参与者年度报告进行核查；（2）由独立的第三方机构对参与者提交的免费配额额度进行核查；（3）政府承诺能够诉诸权力机构采取有约束力的裁决，使参与者能够按照其提议的活动建议履约；（4）增加参与者汇报排放情况的频次。

新西兰参与者采用基于税收体系的自我评估方法来履约。估算方法与 UN-FCCC 的《国家清单报告指南》和《京都议定书》的核算指南保持一致。参与者评估自身排放：在每个履约期（每年的 1 月 1 日～12 月 31 日）计算其排放量，次年 3 月 31 日前提交年度报告说明其排放活动，并汇报其碳排放量。汇报应在参与者承诺履行相关义务前 6～12 个月开始，以免受到

---

① 齐绍洲、程思、杨光星：《全球主要碳市场制度研究》，人民出版社 2019 年版。

惩罚。NZ ETS 参与者通过以下方式履行义务：上缴在本国碳市场购入的 NZU（从获得免费配额的或赚取 NZUs 的主体手中购入）；上缴在国际碳市场购入的符合条件的排放配额；上缴分配到的或赚取的 NZU；上缴以固定价格期权形式从政府部门认购的 NZU。

同税收制度相结合，新西兰政府对 NZ ETS 中的违约和欺诈行为进行有力的惩罚。过渡期内 NZ ETS 没有设置排放上限。但是，当参与者的排放量超过了其所得的免费配额时，需要从市场上或者从政府购买 NZU。如果没有如期上缴所需的 NZU，除必须全额补缴之外，还必须支付 30 新元/吨的罚款。如果参与者故意不履行义务，那么将按照 1∶2 的比例补缴 NZU，罚金金额也将提升至 60 新元/吨，且参与者还将面临刑事处罚的可能性。对于参与者未能履行的其他义务，第一次违约将被处以民事罚款 4000 新元，第二次 8000 新元，第三次 12000 新元。故意不履行减排义务的遵约实体将受到刑事处罚，包括巨额罚款和对个人的刑事定罪。遵约实体必须汇报其未能监控或者上报符合条款的排放量的原因何在，行政机构有相应的处理程序用以对其排放量进行评估。当这种情况发生时，遵约实体将由于未能履行其义务而受到罚款并承担更严厉的补偿额和更高的经济惩罚。

第三节 中国碳市场建设情况

一、中国试点碳市场的建设情况

2005 年，伴随《京都协定书》生效，碳排放权正式成为国际商品。同年，中国作为卖方参与清洁发展机制（CDM）项目。2011 年 10 月，国家发展改革委发布《关于开展碳排放权交易试点工作的通知》，同意在北京市、天津市、上海市、重庆市、湖北省、广东省、深圳市开展碳排放权交易试点，形成了"两省五市"的分布格局，标志着我国的碳排放权交易工作正式启动。

各试点根据管辖试点区域的经济水平和产业特征，设计了各具特色的碳交易制度体系，在 2013 ~ 2014 年陆续开启线上交易，表 1 - 5 对比了中国试点碳市场的基本情况。

表1-5

中国试点碳市场情况对比

试点	启动时间	第二产业（万亿元）		覆盖行业	纳入门槛	企业数量（家）	配额数量（亿吨）	覆盖气体
		增加值	占GDP比重（%）					
深圳*	2013年6月	1.24	38.3	工业：天然气、供电、供水、制造业；非工业：大型公共建筑、公共交通、地铁、港口码头、危险物处理	二氧化碳排放量≥3000吨/年；公共建筑面积≥20000平方米；机关建筑面积≥10000平方米	302（2022年度）	0.26（2022年度）	二氧化碳
北京	2013年11月	0.66	15.9	工业：电力、热力、水泥、石化、其他行业；非工业：其他服务业（含数据中心）、交通运输业、事业单位	二氧化碳排放量≥5000吨/年	909（2022年度）	0.5（2018年度）	二氧化碳
上海*	2013年11月	1.15	25.67	工业：发电、电网、石化、化工、钢铁、造纸、有色、建材、防止、橡胶和化纤；非工业：航空、水运、港口、四类建筑（商场、宾馆、商务办公、机场）和铁路站点	工业：二氧化碳排放量≥20000吨/年；非工业：二氧化碳排放量≥10000吨/年	378（2021年度）	1.09（2021年度）	二氧化碳
广东**	2013年12月	5.28	40.9	2022年度前：水泥、钢铁、石化、造纸、民航；2022年度起覆盖行业将增加陶瓷、纺织、数据中心等	2022年起：二氧化碳排放量≥10000吨/年或综合能源消费量≥5000吨标准煤/年	200（2022年度）	2.66（2022年度）	二氧化碳

续表

试点	启动时间	第二产业		覆盖行业	纳入门槛	企业数量（家）	配额数量（亿吨）	覆盖气体
		增加值（万亿元）	占GDP比重（%）					
天津	2013年12月	0.60	37	钢铁、化工、石化、油气开采、航空、有色金属、矿山、食品饮料、医药制造、农副食品加工、机械设备制造、电子设备制造、建材、造纸	二氧化碳排放量≥20000吨/年	145（2022年度）	0.75（2022年度）	二氧化碳
湖北	2014年2月	2.12	39.5	热力、水泥、陶瓷、纺织、化工、石化、供水、食品饮料、有色金属、钢铁、汽车制造、玻璃、医药、造纸	2024年开始实施：工业企业：二氧化碳排放量≥13000吨/年	343（2022年度）	1.68（2022年度）	二氧化碳
重庆	2014年6月	1.17	40.1	石化、化工、水泥、供水、汽车制造、电解铝、农副食品加工、建材、玻璃、造纸、其他行业	二氧化碳排放量≥13000吨/年	308（2022年度）	0.97（2018年度）	多种气体

注：* 上述省市第二产业增加值及其占GDP比重均为2022年数值。

** 广东数据第二产业增加值及其占GDP比重数据剔除了深圳数据。湖北碳排放权交易中心启动于2014年2月，纳入行业从电力、热力及热电联产、有色金属、钢铁、化工、水泥、石化、汽车制造、通用设备制造、玻璃、陶瓷、供水、纺织、医药、造纸、食品饮料扩容至包括陶瓷制造行业，纳入门槛从石化、化工、建材、有色、造纸和电力行业能耗1万吨标煤，其他行业能耗6万吨标煤下降至企业任一年能耗1万吨标煤（2022年）。目前，湖北碳排放权交易中心在市场交易规模、连续性等多项主要市场指标，均位居全国首位。配额数量从2.81亿吨（2015年）下降至1.68亿吨（2022年），纳入门槛企业从138家（2014年）增加至343家（2022年）。

资料来源：各试点市在市场交易规模、连续性等多项主要市场指标，均位居全国首位。

（一）试点碳市场的建设及成效

1. 管理机制

国际上碳市场在建设过程中，都通过建立相对完善的法律体系来保障碳交易进程的稳健。而我国在试点启动前并没有国家层面上的上位法，试点地区依靠强有力的行政力量推动，不到两年的时间，完成了发达经济体花费6年以上的时间才能完成的制度体系和交易体系的设计并开始交易，基本形成了"1 + 1 + N"（人大立法 + 地方政府规章 + 实施细则）或"1 + N"（地方政府规章 + 实施细则）的立法体系。各试点地区碳交易主要规范性文件见表1-6。

表1-6　　　　　　　各试点地区碳市场规范性文件

试点省市	文件名称	颁布单位	发布时间
北京	《关于北京市在严格控制碳排放总量前提下开展碳排放权交易试点工作的决定》	北京市人大常委会	2013年12月30日
	《北京市碳排放权交易管理办法》	北京市人民政府	2014年6月30日
深圳	《深圳经济特区碳排放管理若干规定》	深圳市人大常委会	2012年10月30日
	《深圳市碳排放权交易管理暂行办法》	深圳市人民政府	2014年3月19日
	《深圳市碳排放权交易管理办法》	深圳市人民政府	2022年7月1日
广东	《广东省碳排放管理试行办法》	广东省人民政府	2014年1月15日
	《广东省碳排放管理试行办法》	广东省人民政府	2020年5月12日
天津	《天津市碳排放权交易管理暂行办法》	天津市人民政府办公厅	2013年12月20日
上海	《上海市碳排放管理暂行办法》	上海市人民政府	2013年11月18日

续表

试点省市	文件名称	颁布单位	发布时间
湖北	《湖北省碳排放权管理和交易暂行办法》	湖北省人民政府	2014 年 3 月 17 日
	《湖北省碳排放权管理和交易暂行办法》	湖北省人民政府	2016 年 9 月 26 日
	《湖北省碳排放权交易管理暂行办法》	湖北省人民政府	2023 年 12 月 13 日
重庆	《关于碳排放管理有关事项的决定》	重庆市人大常委会	2014 年 4 月 26 日
	《重庆市碳排放权交易管理暂行办法》	重庆市人民政府	

资料来源：笔者根据各试点相关文件整理。

各试点通过成立应对气候变化处等机构部门，专门负责碳市场建设工作。工作内容包括：建立法律法规的制度支撑；确定纳入门槛和分配方法的配额分配方案；建设涵盖各类交易要素的交易市场；制定规范的核查指南和核查机构管理规定；开发稳定高效的注册登记、交易和排放数据报送系统；制定各试点中国核证自愿减排量抵消制度；组织企业开展年度履约和开展各类能力建设等工作。2018 年机构改革后，应对气候变化工作由国家发改委转隶至生态环境部，各试点省市的主管部门也相应进行了调整。

2. 覆盖范围

碳排放权交易市场覆盖范围是碳排放权交易体系建设过程中要解决的首要问题之一。各试点碳市场覆盖范围虽然不尽相同，但均遵循"抓大放小"的原则。各试点地区基于当地产业结构考虑纳入行业：在最初的启动阶段（2013～2014 年）纳入行业均以六大耗能行业为主，基本覆盖了试点单位的重点耗能与重点排放单位。广东、天津碳排放权交易试点覆盖的行业排放总量约占地方排放总量的 60%，其他试点碳排放权交易市场纳入行业的排放总量也分别占各地排放总量的 40% 以上。[①] 纳入门槛方面，各试点地区结合

① 中华人民共和国国家统计局：《中国统计年鉴》，中国统计出版社 2014 年版。

地方产业结构和经济发展水平设定了不同标准。随着各试点碳排放权交易市场的发展和完善，北京、广东等试点地区通过陆续扩充试点行业范围或降低行业纳入门槛，进一步扩大了碳排放权交易市场覆盖行业范围。

试点碳市场还需综合考虑管理成本、管理效率和碳排放量的覆盖比例等因素，选择了不同的行业，确定了不同水平的纳入门槛（见表1-5）。工业化石燃料燃烧排放是温室气体的主要来源，目前我国工业排放约占全国总排放的66%。[①]

从表1-5可以看出，即使不考虑电力行业，七个试点覆盖的行业仍均以工业为主。一般而言，试点省市第二产业体量越大，该市场的排放量就越大，即使是纳入的门槛偏高，企业的数量相对较少，市场的规模依然很大，例如，湖北和广东。第二产业体量较小的试点碳市场，为了扩大市场规模，纳入门槛相对偏低，覆盖的行业甚至还包括了交通客运、港口、建筑等行业，例如，北京和上海。

除纳入控排名单的行业企业外，北京、上海、广东、深圳试点均对低于纳入碳配额管理门槛一定范围的企业进行了碳排放监管，这主要是考虑到企业年度排放量具有波动性，导致碳排放权交易市场控排企业名单处于动态变化中。故全国碳排放权交易市场启动后，有必要对属于已纳入控排行业范围但又低于管控门槛的行业企业进行碳排放监管，要求其报告年度碳排放量，待其达到碳配额管理门槛即纳入管理，以确保碳排放权交易市场的公平性。同时，按照分阶段逐步扩大碳排放权交易市场覆盖范围的要求，对于未纳入控排的行业企业，也要加强其碳排放权交易能力建设培训，提高企业碳资产管理意识，适时组织开展未纳入工业行业企业和建筑、交通领域单位的前期研究与纳入准备工作，为进一步扩大碳排放权交易市场覆盖范围做好准备。

3. 市场运行

2011年10月，国家发展改革委下发《关于开展碳排放权交易试点工作的通知》，批准在北京、天津、上海、重庆、湖北、广东和深圳开展碳排放权交易试点工作。目前纳入七个试点碳市场的排放企业和单位共有2585家，

---

① 根据中国碳核算数据库（CEADS）的估算所得。

累计完成二级市场配额现货交易总量约 9.09 亿吨，达成交易额约 226.94 亿元。成交总量最大的三个试点市场分别是广东、湖北和深圳。北京的成交量较小，但是成交均价高于其他市场（见表 1-7）。

表 1-7　　　中国试点碳市场二级市场配额现货交易量与价格情况对比

试点省市	交易总量（亿吨）	交易总额（亿元）	平均价格（元）
湖北	3.88	95.75	24.7
广东	2.19	58.52	26.7
深圳	1.13	24.51	21.7
上海	0.58	13.34	23.0
北京	0.53	16.22	30.6
重庆	0.42	9.52	22.7
天津	0.36	9.08	25.2
总计	9.09	226.94	—

注：数据来源为各试点交易所，数据截至 2023 年 12 月 31 日。

截至 2023 年，七个碳排放权交易试点中，北京、天津、上海、广东、湖北和深圳六个试点地区完成了十次履约，重庆地区完成了八次履约。表 1-8 展示了 2023 年各个试点碳市场的线上交易情况。

表 1-8　　　　　　2023 年度七个试点碳市场线上交易情况

地区	总交易量（万吨）	总交易额（亿元）	最高成交价（元/吨）	最低成交价（元/吨）	平均成交价（元/吨）
湖北	1118.39	4.72	52.13	33.41	42.19
广东	979.37	8.07	87.5	62.54	58.69
重庆	677.42	1.99	47.6	24.9	57.73
天津	575.2	1.85	39.8	27	35.90
北京	517.84	2.9	149.64	51.47	82.36
上海	490.85	3.21	74.71	47.1	32.20
深圳	398.83	2.34	83.59	42	29.41

资料来源：数据来源为各试点交易所，数据截至 2023 年 12 月 31 日。

如表 1-8 所示，2023 年七个试点碳市场共完成线上配额交易量 4758 万吨，达成线上交易额 25.08 亿元，成交均价为 52.71 元/吨。其中北京试点碳市场的年平均成交价最高，且最高成交价与最低成交价相差最多，价格波动性大；深圳碳市场的年平均成交价最低，碳配额价格有待提升。湖北试点碳市场的总交易量最多，市场最为活跃；天津试点碳市场的总交易量和总交易额最少，市场最不活跃。北京碳市场的日成交均价远高于其他试点，为 82.36 元/吨左右，且价格波动性最大。

从每个交易日的成交量来看，广东、湖北碳市场的总交易量居前列，且几乎每日都有碳配额交易，市场活跃度最高。重庆碳市场的总交易量最少，在 1~2 月的大部分交易日没有成交量，市场活跃度最低。上海碳市场的日成交量分布较为均匀，日成交量的变化幅度较小，市场集中度较低。深圳和天津碳市场的日成交量明显集中在 6~7 月，即交易量多集中分布在年中履约期截止日期附近，市场成熟度有待进一步提高。

总体来看，在 2023 年，全国七个试点碳市场的差异性仍然较大，运行效果也不尽相同，这与不同碳市场的配额分配机制、MRV 监管机制以及违约处罚等存在较大的差异有关。整体来看，广东、湖北碳市场表现较好，重庆碳市场表现相对较差。

（二）试点碳市场面临的问题和挑战

碳市场的企业微观减排和省市宏观减排政策间有效衔接不足，碳市场和能源市场的协同性较弱。试点碳市场是从企业层面直接分解减排任务，尚未与省市温室气体宏观减排考核建立直接联系。另外，应对气候变化和能源管理分别属于生态环境部和国家发展改革委管理，碳市场控制终端碳排放，能源政策控制能源初始端化石能源消费，部分试点碳市场减排目标和能耗下降目标、碳市场和用能权市场存在重复和交叉的情况，管理机制和市场建设不协调，容易给企业造成双重负担。

市场价格发现的有效性以及市场流动性的支撑不足，"政策市"效应显著。流动性是碳配额金融化的基础，当前多数试点由于各方参与不足，市场交易量较小，交易主要集中在履约期，交易间断非常普遍，价格发现不充分，市场"有价无市"。由于市场调节作用不足，控排企业交易意愿不强，市场流动性不足，由此形成恶性循环。碳市场是个政策性市场，政策不稳定对市场的影响较大。例如，严重偏离市场价格的拍卖会误导市场价格，引发价格混乱；碳排放报告相关参数的随意变更和核查数据的质量，也会最终影响市场的公信力。

碳市场的激励机制，推动企业能源转型并发挥实际作用，还有较长的路要走。随着碳市场的推进，企业减排空间应当越来越小，减排成本也会越来越高，碳价格应当逐渐上升。但是实际情况是，各试点碳价格参差不齐，且与国外成熟的碳市场相比，国内各试点碳市场的价格整体偏低，市场激励机制效果难以充分发挥。与此同时，试点碳市场对自愿碳市场产生的新能源项目减排量吸纳能力有限，企业为进行能源转型所进行的技术改造、能源转换等都需要较长时间。试点碳市场建设尚处于初始期，市场的政策稳定性较差，对企业开展能源转型产生实际效果还需要较长的时间来验证。

二、全国碳市场的建设情况

（一）全国碳市场的建设及成效

2021 年 7 月 16 日，全国碳排放权交易市场正式开启线上交易，全国碳市场建设采用"双城"模式，即上海负责交易系统建设，湖北武汉负责登记结算系统建设。至此，我国长达七年的碳排放权交易市场试点工作终于迎来了统一。发电行业中，超过 2000 家的重点排放单位成为首批被纳入全国碳市场的企业，碳排放量合计超过 40 亿吨二氧化碳，这意味着我国碳市场超过欧盟碳市场，成为全球覆盖温室气体排放量规模最大的碳排放权交易市场。[1] 截至 2023 年 12 月 31 日，全国碳市场碳排放配额累计成交量 4.42 亿吨，累计成交额 249.19 亿元，成交均价为 56.43 元/吨，相较于市场启动首日开盘价和第一个履约周期截止日收盘价，碳价保持稳中有升。[2] 这不仅充

---

[1] 国务院新闻办公室：《启动全国碳排放权交易市场上线交易情况国务院政策例行吹风会图文实录》，2021 年 7 月。

[2] 根据碳排放权登记结算（武汉）有限责任公司相关数据整理。

分证明从试点碳市场向全国统一碳市场逐步过渡的建设安排稳妥、可行，也充分证明我国基于自身国情和发展阶段而确立的制度体系、总量控制与分配、交易、履约管理等碳市场各环节机制安排科学、有效。

1. 管理机制

根据碳市场顶层制度设计思路，全国碳市场的主管部门分为国家主管部门和地方主管部门两级，国家主管部门负责领导、统筹和管理，侧重于制度体系建设、技术规范标准制定、对地方主管部门和各类市场支撑机构等进行监督管理。地方主管部门负责制度的执行、具体工作的实施，如数据报送、核查组织、企业履约等。碳市场支撑机构，为碳市场提供技术支撑或咨询服务，包括注册登记机构、交易机构、核查机构及其他支撑机构。

2. 制度体系

生态环境部先后出台了《碳排放权交易管理办法（试行）》和碳排放权登记、交易、结算等管理制度，以及企业温室气体排放报告、核算、核查等技术规范，印发了《2019—2020 年全国碳排放权交易配额总量设定与分配实施方案（发电行业）》和《企业温室气体排放核算与报告指南（发电设施）》。同时，国家层面的《碳排放权交易管理暂行条例》（以下简称《条例》）已经 2024 年 1 月 5 日国务院第 23 次常务会议通过，自 2024 年 5 月 1 日起施行。

3. 系统平台

全国碳市场主要的系统平台包括全国碳排放数据报送系统、全国碳排放权交易系统、全国碳排放权注册登记系统，其中湖北省负责注册登记和结算系统建设，上海承担碳交易系统建设，负责碳交易产品的开发和一级、二级市场的交易；生态环境部负责数据报送系统建设。湖北省已完成注册登记系统硬件平台建设，完成系统与交易系统、数据报送系统、银行系统的联网试运行等工作，建成监管严格、安全稳定、功能完备的系统，支撑了全国市场第一个履约周期顺利完成并在积极推动组建中国碳排放权登记结算有限责任公司。

4. 市场运行

全国碳排放权交易市场第一个履约周期共纳入发电行业重点排放单位

2162 家，年覆盖温室气体排放量约 45 亿吨二氧化碳。自 2021 年 7 月 16 日正式启动上线交易以来，截至 2023 年 12 月 31 日已连续运行 898 天，第二个履约周期（2021~2022 年配额）的配额清缴工作也于 2023 年 12 月 31 日前完成。全国碳市场的履约企业数量和覆盖排放量都在逐步增加。第一个履约期覆盖 2162 家企业，覆盖 45 亿吨排放，其中 1833 家企业完成履约，履约率 99.5%；第二个履约期 2257 家企业，覆盖 50 亿吨排放（见图 1 - 3）①，市场运行健康有序，交易价格稳中有升，促进企业减排温室气体和加快绿色低碳转型的作用初步显现。

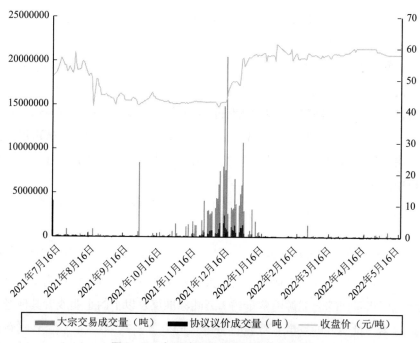

图 1 - 3 全国碳市场成交量及成交价格

资料来源：根据上海环境能源交易所相关数据整理。

---

① 根据上海环境能源交易所数据整理。

5. 减排成效

从减排降碳成效来看，碳市场推动碳减排成效初步显现。截至 2021 年 12 月 31 日，全国碳市场第一个履约周期顺利结束，全国碳市场以履约量计履约完成率达到 99.5%。[①] 经粗略统计，首批参与全国碳市场履约的发电行业企业 2020 年排放总量较 2019 年有所下降。履约清缴工作的圆满收官，侧面印证了碳市场优化资源配置、激励企业自主减排的效应。可以预见，随着未来八大行业逐步纳入，碳交易市场化手段所形成的激励约束机制将进一步推动我国碳减排进程，助力我国形成更高质量的新发展格局。

6. 进度安排

下一步，生态环境部将持续完善配套制度体系，进一步完善相关的技术法规、标准、管理体系。在发电行业碳市场健康运行的基础上，生态环境部明确表示，扩大全国碳市场覆盖行业范围的准备工作会按照"成熟一个批准纳入一个"的原则，加快对相关行业温室气体排放核算与报告国家标准的修订工作，研究制定分行业配额分配方案。全国碳市场逐步将市场覆盖范围扩大到其他高排放行业，丰富交易品种和交易方式，实现全国碳市场的持续健康发展，有效发挥市场机制在控制温室气体排放、实现碳达峰、碳中和目标中的重要作用。

(二) 全国碳市场的困境及展望

1. 覆盖行业和市场规模

我国碳市场纳入的企业标准是八大行业年温室气体排放量达到 2.6 万吨二氧化碳当量或综合能源消费量约 1 万吨标准煤及以上的企业或者其他经济组织。第一批纳入的发电企业及自备电厂的企业，共 2162 家，二氧化碳排放总量达 45 亿吨。预计在"十四五"期间，全国碳市场会逐步完成发电行业外的七个重点能耗行业（石化、化工、建材、钢铁、有色、造纸、航空）的纳入。覆盖八大行业后，全国碳市场的配额总量将从目前的 45 亿吨扩容到 70 亿吨。全国碳市场在发电行业碳市场健康运行以后，将按照"成熟一

---

① 《全国碳市场每年成交数据 2021 年 7 月 16 日 ～ 2021 年 12 月 31 日》。

个行业，纳入一个行业"的原则，逐步扩大市场覆盖范围。目前困难主要集中在以下几个方面：

第一，碳排放数据质量基础不牢。要支撑其他行业纳入全国碳市场，首先要出台行业核算标准并得到至少 1 年的碳排放数据。2013 年公布的第 1 版行业核算指南距今已有 9 年时间，只有发电行业在 2021 年 3 月和 2022 年 3 月公布了两个更新版的核算标准，其他行业最新的核算标准仍未正式出台，只是在 2021 年 9 月发布了水泥熟料和电解铝两个行业的征求意见稿。理论上，发电在八大重点行业中属于较为容易核算的行业，却依然出现了蓄意造假等数据质量问题，而其他行业排放过程相对复杂、排放源多，在核算方面更加需要详细规定。在碳排放核算核查实践中，长期以来除了核算指南，国家碳排放帮助平台和各地主管部门制定的技术规范也是指导核算的补充依据。这说明现实情况的复杂多样以及最初发布的核算指南还存在诸多不足。要控制碳排放数据质量，需要企业、核查机构、主管部门等多方共同努力，其中最重要的还是要落实企业对数据准确性的主体责任。但现阶段大部分其他行业的企业对碳排放核算重要性的认识不足，对核算指南运用的能力不够，导致在碳排放数据获取的源头缺乏有效的质量控制措施。此外，在碳市场与其他机制的衔接方面，由于目前缺乏明确的规定，也可能导致在核算实践中出现不同的处理方式，进而影响碳排放数据质量。比如，水泥熟料和电解铝行业核算标准征求意见稿曾提出绿电可不计算碳排放，却没有规定如何认定合格的绿电，如何避免可再生能源环境权益的重复使用。

第二，配额分配方案制定难度较大。配额分配是支撑某一行业纳入碳市场另一不可或缺的要素，但目前来看制定其他行业的配额分配方案还面临不少难点，主要体现在电解铝、水泥、钢铁等工业行业工艺流程相较发电行业复杂程度更高，在制定配额分配方案时本身就需要更多的数据支持，这些行业当前积累的碳排放数据尚不完全足以支撑确定合理的行业基准值。选择基准值要基于行业实际的碳排放数据和生产数据，这些数据通过企业填报的补充数据表收集。2021 年新发布的《2020 年度温室气体排放报告补充数据表》对多个行业的填报要求作了许多重要修订。这些重要修订带来的实质性变动意味着此前收集的数据不能完全满足行业基准值的制定。此外，由于其他行业履约边界与法人边界可能存在较大差别，部分行业还涉及按工序分配配额，这对于企业内部分级计量的要求更高。同时，在核查时，企业内部不同工序的数据通常缺乏独立的交叉核对材料，存在造假的空间，这也导致此前通过补充数据表收集的数据质量难以评估，从而影响行业基准值的确定。特别是，2022 年主管部门下调了全国电网排放因子，从 0.6101 吨二氧化碳/兆瓦时更新为 0.5810 吨二氧化碳/兆瓦时。并且在 2023 年 2 月 7 日，生态环境部发布《关于做好 2023 - 2025 年发电行业企业温室气体排放报告管理有关工作的通知》，明确了 2022 年度全国电网平均排放因子为 0.5703 吨二氧化碳/兆瓦时。全国电网排放因子的更新对配额分配也存在一定影响，特别是对于除发电之外的行业，确定基准值时需要考虑全国电网排放因子的下降，否则将导致配额过量发放而起不到激励和约束企业减排的作用。

第三，疫情防控和经济形势也是碳市场影响扩容进度的重要因素。2022 年 6 月 8 日，生态环境部印发《关于高效统筹疫情防控和经济社会发展调整 2022 年企业温室气体排放报告管理相关重点工作任务的通知》，将核查工作完成时限从 6 月底延长至 9 月底，并将燃煤元素碳含量缺省值从 0.03356 吨碳/吉焦调整为 0.03085 吨碳/吉焦，下调 8.1%，目的是减轻当前经济形势下发电企业的压力。对于其他行业来说，纳入碳市场会对企业带来额外的管理成本、履约成本，在稳经济增长的形势下，推迟扩容也有其合理之处。

2. 交易主体与产品

按照稳步推进的思路，全国碳市场将有序引入机构和个人投资者并逐步引入金融机构（银行、基金、证券等机构），实现全国碳排放交易市场主体多元化，持续提升市场的覆盖面、流动性和有效性。同时，丰富交易产品和交易机制，进一步促进全国碳市场价格发现，提升市场流动性。此外，推动金融市场与碳市场的合作与联动发展，促进以碳排放权为基础的各类场外和场内衍生产品创新，为交易主体提供多样化风险管理工具，充分发挥碳排放权融资功能，满足交易主体多元融资需求。而中国碳金融的发展也存在以下不足：

一是碳金融市场法律体系不健全。完备的碳金融法规政策能够保障各参与主体公平有序地参与碳金融市场中，改善碳金融市场环境，保障碳金融市场的平稳运行。就现有碳金融法律体系而言，不少投资者对碳金融市场持有审慎态度，碳金融市场的发展因而受到制约。碳排放配额分配立法层级不高，缺少国家层级立法，抑制了碳金融市场活跃度。碳交易过程中缺乏有效的法律保障。《民法典》规定了履行合同要符合绿色原则，但是并没有具体规定在碳金融市场上如何通过降低碳排放来体现绿色原则。当交易双方发生纠纷时，法官将会面对无法可依的窘境。碳金融监管法律制度不完善。在碳金融市场中，参与主体追求的是风险与收益二者相互平衡，当碳金融市场缺乏监管时，碳金融市场环境混杂，投资对象良莠不齐，意味着投资者的投资风险会大大增加。碳金融融资方面存在信息披露机制不完善，企业以涉及商业秘密为由不履行信息披露义务或虚假披露信息，导致交易双方信息不对称等问题。碳金融司法实践方面，国内碳金融案件数量较少，法官面对此类新型案件时，没有太多裁判经验可以参考，需要自身对具体案情进行独立思考，并作出公正的判断。

二是碳金融融资困难导致市场效率低下。目前国内的能源消耗仍以石油、天然气等不可再生资源为主，"双碳"目标的本质就是淘汰落后的生产方式，控制温室气体排放，减少环境污染。由于缺乏资金和技术支持，企业要想在短期内优化产业结构、提升资源配置效率存在很大困难。国内的金融机构正在不断创新碳金融产品和服务模式，但是其创新程度与碳金融市场需求之间仍存在较大差距。清洁能源产业具有的前期投入巨大、科技依赖性高、投资回报周期长、投资风险高等特点，阻碍了碳金融市场的资金流入。碳金融产品的交易和投资融资活动对提升碳金融市场流动性至关重要，为碳金融产品提供新的发现路径和资金渠道，吸引更多的资金支持国家碳减排事业，对国家实现"双碳"目标意义重大。

三是碳金融产品创新力度不足。绿色产业种类丰富，碳金融要实现对绿色产业的全覆盖，就必须不断创新碳金融产品，从而满足碳金融市场需要。由于碳金融市场建设及金融机构创新力不足等，导致我国碳金融市场产品较为单一。虽然目前碳金融市场存在碳基金、碳债券、碳排放权抵押质押贷款、碳保险等产品，但是发行数量不具规模，交易金额较小，仍处于零星试点状态。除此之外，在碳金融产品探索过程中，忽略了相关碳金融产品的共性与个性，导致已发行的碳金融产品呈现各自独立的状态，没有形成良好的相互促进机制。在碳交易方式上，目前国内的碳交易只有通过现货进行交易，期货和期权交易方式尚未形成，交易方式单一化同样制约着碳金融市场的发展。

四是碳金融行业人才队伍匮乏。碳金融行业作为一种新兴行业，发展需要一批既懂环境保护又懂金融知识的复合型人才作为支撑。对现有人才进行专业培训来满足碳金融市场需要存在滞后性，对碳金融市场的变化不能做到及时调整。

五是碳金融国际合作有待加强。碳金融市场的发展是一个系统性工程，既是科技的革新，也是制度的创新。我国碳金融的发展相对滞后，发展理念还不成熟。如果不吸收国际碳金融市场发展的先进经验，闭门造车，将阻碍我国碳金融市场的发展。将国内碳金融市场与国际碳金融市场接轨，学习国际碳金融市场的先进理念，借鉴国际优秀做法，结合我国的基本国情，走出一条具有中国特色的碳金融之路，不仅能够加快我国"双碳"目标的实现，还能提升我国在环境保护领域的国际地位。

3. 企业迎来发展机遇

绿色低碳化成为国内外发展趋势，碳排放管理能力将成为企业的核心竞争力，低碳企业在各种支持政策下赢得更广阔的发展空间和竞争优势。随着环境、社会、治理（ESG）披露制度的完善，碳排放将成为企业社会责任报告的重要内容。企业碳排放情况将成为评价企业履行社会责任、应对气候变化、贡献可持续发展和生态文明建设的重要标准，低碳不仅有助于企业树立良好的品牌和声誉，更会有助于低碳企业获得绿色金融政策的支持和市场投资者的青睐，从而为企业赢得更好的发展前景。

但我国碳交易市场金融化程度和市场参与度不足，规模小且交易品种少，政策配套体系不够完善，仍处于初步发展阶段，在碳市场的流动性和碳定价的权威性层面还有待提高，还需通过系统的制度设计和政策支持，不断发展并逐步成熟。为进一步规范对"企业履行社会责任、应对气候变化、贡献可持续发展和生态文明建设"的评价体系，保证碳定价的权威性，当前阶段应重点关注以下工作：

第一，合理设计碳交易市场配额管理模式。试点碳市场经验证明，稳定和科学的配额分配和总量确定机制对碳市场活跃度有着举足轻重的作用，配额分配到履约期之间的时间段对碳交易和碳金融业务开展也十分重要。全国碳市场可结合"双碳"目标,政府或其授权的权威部门合理确定全国碳市场的行业碳排放总量和配额,明确配额分配和履约清缴时间,给外界稳定预期,同时适时引入配额有偿分配机制并逐步扩大有偿分配比例(可在湖北区域市场率先试点)。

第二,大力培育碳交易市场主体,扩大覆盖范围,丰富碳交易产品。试点碳市场的运行经验证明,丰富多元的市场主体有利于提升碳市场的流动性,特别是增加非履约期的碳市场交易量。一是要加强对碳交易市场的宣传,对企业进行相关知识培训和能力建设,鼓励企业和个人积极参与碳交易市场,提升市场主体碳资产运营意识;二是扩大碳交易行业范围,将更多的制造行业、交通运输行业乃至非工业行业纳入进来,试点和全国碳市场可以分层次、分阶段开展市场扩容,同时注意错位发展和防范风险;三是审慎设计推出更多碳交易现货及期权期货等衍生产品,丰富市场交易品种,增加供给,提升市场活跃度。

第三,完善相关法律法规及政策配套。出台细致、可操作、可执行的绿色金融服务配套政策,鼓励金融部门与产业部门合作,建立起碳基金、碳配额质押贷款、碳保险、碳证券、碳信托等一系列以创新金融工具为组合要素的碳金融体系;在完善《碳排放权交易管理办法(试行)》基础上,制定《碳排放交易管理条例》,为碳交易市场运行提供法律依据和法律保障;加强碳交易市场监管,协同建立交易监管机制和风险管理机制,规范并强化碳交易信息披露制度,建立有效问责机制,加大对扰乱市场等违规行为的惩处力度。

三、中国自愿减排碳市场的建设情况

(一)国家温室气体自愿减排市场建设情况

自愿减排交易是指个人或企业在没有受到外部压力情况下,为中和自己生产经营过程中产生的碳排放而主动从自愿减排交易市场购买碳减排指标的行为。欧盟碳市场启动后,全面开展了《京都议定书》中提出的清洁发展机制（CDM）项目。以此为契机，我国开发了大量的 CDM 项目并销往欧盟碳市场，合计提供的减排量一度占到欧盟碳市场减排量供给的 60% 以上。[①]随后由于欧盟碳市场配额供大于求，市场价格暴跌，我国的 CDM 项目开发及交易陷于停滞。随后由于欧盟碳市场配额供大于求，市场价格暴跌，我国的 CDM 项目开发及交易陷于停滞。随后，我国着手建立国内的自愿减排碳市场，我国温室气体自愿减排交易制度是借鉴国际清洁发展机制项目管理经验，在国内开展温室气体自愿减排项目备案及交易。2012 年以来，我国陆续出台《温室气体自愿减排交易管理暂行办法》等系列文件，明确了自愿减排项目的管理要求，包括项目方法学备案、项目备案、审定与核证、减排量签发、减排量交易等。该市场中，所签发的减排量称为中国核证自愿减排量（Chinese Certified Emission Reduction：CCER）。对自愿减排交易实施统一备案管理，并建立国家温室气体自愿减排交易注册登记系统，实现核证自愿减排量（CCER）在全国范围交易。2017 年 3 月，为落实党中央、国务院"放管服"改革要求，并解决温室气体自愿减排交易量小、个别项目不够规范等问题，主管部门暂缓受理自愿减排交易相关备案申请，但不影响已备案的温室气体自愿减排项目和减排量在国家注册登记系统登记，也不影响已备案的 CCER 参与交易。后因国家机构改革、应对气候变化工作职能转隶等，温室气体自愿减排交易机制重启面临诸多不确定性。

2020 年以来，国际国内碳减排形势的重大变化推动重启工作加快进程：一是中共中央、国务院于 2021 年 9 月出台《关于完整准确全面贯彻新发展理念做好碳达峰碳中和工作的意见》，提出实现"双碳"目标要坚持双轮驱动原则，强调政府和市场两手发力，发挥市场机制作用；二是生态环境部于 2020 年 12 月出台《碳排放权交易管理办法（试行）》，规定重点排放单位可使用 CCER 抵消碳排放配额清缴。国家温室气体自愿减排交易机制正面临制度转型升级和加速重启的关键时期，将为实现国家"双碳"目标、保障全国碳排放权交易市场履约抵消等发挥积极作用。2023 年 10 月 19 日，生态环境部、市场监管总局公布《温室气体自愿减排交易管理办法（试行）》，

---

① 联合国环境规划署. CDM/JI Pipeline – UNEP – CCC（unepccc. org）。

自 2017 年 3 月暂停的 CCER 审批正式重启。新办法在《关于公开征求〈温室气体自愿减排交易管理办法（试行）〉意见的通知》与此前《温室气体自愿减排交易管理暂行办法》修订的基础上进一步完善了配套的 CCER 备案、交易规则。10 月 24 日，生态环境部首批公布了 CCER 的 4 项方法学；11 月 16 日，国家气候战略中心和北京绿色交易所分别公布了《温室气体自愿减排注册登记规则（试行）》《温室气体自愿减排项目设计与实施指南》《温室气体自愿减排交易和结算规则（试行）》，12 月 27 日，市场监管总局公布了《温室气体自愿减排项目审定与减排量核查实施规则》，为温室气体自愿减排机制（CCER）的正式重启准备好了最后一道法律文件。至此，CCER 市场启动的政策制度得以奠定。

1. 实践背景

从 CCER 生命周期及运行实践来看，国家温室气体自愿减排交易管理体系主要涉及备案、登记和交易三大部分，包括备案管理、权属登记、市场交易、抵消注销等具体业务环节，其管理体系的构建具专业性、系统性和复杂性。围绕每个业务环节，均涉及相关政策规则、系统平台、管理机构等诸多要素，为此各方管理主体均制定出台了相应的制度文件（见表 1-9），为 CCER 的登记和使用提供政策依据、技术规范和支撑保障系统。目前，我国已经建立了国家温室气体自愿减排交易注册登记管理机构和注册登记系统，实现在国家层面统一自愿减排项目和减排量备案、统一权属登记；国家温室气体自愿减排交易注册登记系统与 9 个地方碳交易市场交易系统连接，形成以试点履约抵消、金融投资、公益碳中和为主的 9 个地方 CCER 二级交易市场；建立了中国自愿减排交易信息平台，公开减排项目技术文件、备案方法学、备案审定和核证机构等信息，接受公众监督。由于国家温室气体自愿减排交易管理涉及减排项目、减排量、方法学、审定和核证机构、交易机构等多项行政备案，为落实国家"放管服"改革要求，需重塑原有核心管理流程，修订《温室气体自愿减排交易管理暂行办法》（见表 1-9）。

表1-9　　　　　　　　温室气体自愿减排交易管理政策制度

范围		文件	出台部门/文件性质	管理内容	管理环节
国内	全国	《温室气体自愿减排交易管理暂行办法》	国家发展和改革委/规范性文件	对方法学、减排项目、减排量、审定与核证机构、交易机构等备案管理	①②③
		《温室气体自愿减排项目审定与核证指南》	国家发展和改革委办公厅/规范性文件	审定与核证机构备案要求，减排项目审定与减排量核证程序	①
		温室气体自愿减排方法学备案函	国家发展和改革委办公厅/规范性文件	备案200个方法学	①
		《碳排放权交易管理办法（试行）》	生态环境部/部门规章	重点排放单位使用CCER履约抵消	④
		《大型活动碳中和实施指南（试行）》	生态环境部办公厅/规范性文件	大型活动碳中和实施流程	⑤
		《温室气体自愿减排交易管理办法（试行)》	生态环境部/部门规章	明确项目业主、审定与核查机构、注册登记机构、交易机构等各方权利、义务和法律责任，以及各级生态环境主管部门和市场监督管理部门的管理责任	①②③⑤
		《温室气体自愿减排项目方法学　造林碳汇（CCER-14-001-V01）》《温室气体自愿减排项目方法学　并网光热发电（CCER-01-001V01）》《温室气体自愿减排项目方法学　并网海上风力发电（CCER-01-002V01)》《温室气体自愿减排项目方法学　红树林营造（CCER-14-002-V01）》	生态环境部/规范性文件	明确了造林碳汇、并网光热发电、并网海上风力发电、红树林营造等项目开发为温室气体自愿减排项目的适用条件、减排量核算方法、监测方法、审定与核查要点等	①
		《温室气体自愿减排交易和结算规则（试行）》	北京绿交所/规范性文件	全国温室气体自愿减排交易机构、全国温室气体自愿减排交易系统。交易产品为核证自愿减排量（CCER），以及根据国家有关规定适时增加的其他交易产品	③

范围		文件	出台部门/文件性质	管理内容	管理环节
国内	全国	《温室气体自愿减排项目审定与减排量核查实施规则》	国家市场监督管理总局、国家认证认可监督管理委员会/规范性文件	规定了温室气体自愿减排项目审定与减排量核查的依据、基本程序和通用要求	②
	地方	各地方碳交易管理办法	地方政府/地方规章	CCER 抵消和交易的原则性规定	③④
		各地方碳市场交易规则	交易所/其他文件	CCER 交易规则	③
		《北京碳排放权抵消管理办法（试行）》	北京市发展和改革委等/规范性文件	CCER、林业碳汇等的抵消规则；节能项目减排量等备案管理	④
		《深圳市碳排放权交易市场抵消信用管理规定》	深圳市发展和改革委/规范性文件	CCER 等的抵消规则	④
		《福建省碳排放权抵消管理办法（试行）》	福建省发展和改革委等/规范性文件	CCER 等的抵消规则	④
国际	航空业	CORSIA 合格减排指标	国际民航组织/规范性文件	CCER 等的抵消规则	④

注：对应管理环节中①表示备案管理；②表示权属登记；③表示交易；④表示履约抵消；⑤表示自愿注销。

资料来源：刘海燕、于胜民、李明珠：《中国国家温室气体自愿减排交易机制优化途径初探》，载于《中国环境管理》2022 年第 5 期，第 22～27 页。

2. 项目开发

由于在《温室气体自愿减排交易管理暂行办法》施行中存在着温室气体自愿减排交易量小、个别项目不够规范的问题，2017 年 3 月国家发改委发布关于暂缓受理温室气体自愿减排交易备案申请的公告，暂停了 CCER 项目的备案申请受理，CCER 市场活跃度下降。2018 年 5 月，国家气候战略中心宣布，国家自愿减排交易注册登记系统（CCER 注册登记系统）恢复上线运行，受理 CCER 交易注册登记业务，存量 CCER 交易重启，2023 年 10 月19 日，生态环境部、市场监管总局公布《温室气体自愿减排交易管理办法

（试行)》，该办法共 8 章 51 条，对自愿减排交易及其相关活动的各环节作出规定，明确了项目业主、审定与核查机构、注册登记机构、交易机构等各方权利、义务和法律责任，以及各级生态环境主管部门和市场监督管理部门的管理责任；10 月 24 日，生态环境部首批公布了 CCER 的 4 项方法学；11 月 16 日，国家气候战略中心和北京绿色交易所分别公布了《温室气体自愿减排注册登记规则（试行)》《温室气体自愿减排项目设计与实施指南》《温室气体自愿减排交易和结算规则（试行)》；市场监管总局公布了《温室气体自愿减排项目审定与减排量核查实施规则》，至此，CCER 市场启动的政策制度得以奠定。

截至 2017 年 4 月，中国自愿减排项目共有 2874 个。从开发阶段看，审定阶段的项目 1861 个，备案项目 677 个，监测报告项目 57 个，减排量备案项目 289 个。从项目类型看，风电类项目最多，占比为 34%，太阳能发电项目占 17%，农村沼气项目占 14%，光伏发电项目占 12%，垃圾处理、水力、生物质和天然气发电、林业碳汇项目数量占比均在 5% 以下。[①]

从减排量大小看（见图 1-4），这些项目预计年均减排量 3.1 亿吨，实

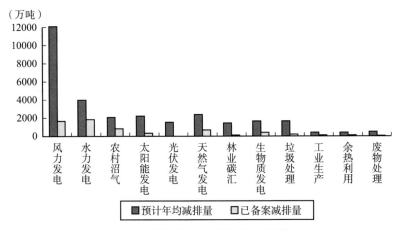

图 1-4　中国核证自愿减排项目减排量分布

资料来源：根据各试点交易所数据整理计算所得。

---

① 黄锦鹏、齐绍洲：《构建我国多层级碳市场体系的思考》，载于《电力决策与舆情参考》2021 年第 4 期。

际已签发减排量 6577 万吨。每年预计产生减排量，风力和水力发电项目分别为 1.2 亿吨和 0.4 亿吨，太阳能、天然气发电和农村沼气项目约 0.2 亿吨。已经签发的减排量，主要集中在水力、风力、农村沼气和天然气发电等项目，其他项目签发量较少。[①]

3. CCER 抵消

纳入企业履约时，可以选择配额，也可以选择一定量的 CCER。由于项目类型、项目区域和产生时间等有所区别，并非所有 CCER 都可用于抵消。各个试点每年会出台相关的抵消政策（见表 1 - 10），从试点碳市场抵消细则看，可抵消量主要以企业排放量和初始配额分配量为基准，不超过一定的比例；项目类型，2014 年深圳和湖北部分风电和水电项目可用于抵消，但从 2015 年开始，以上两类项目所产生的减排量不再能用于抵消，可抵消的项目均向农林类倾斜；项目区域，所抵消的 CCER 还受区域的限制，部分试点仅限于本省市或有合作省市的项目，如湖北要求项目来自贫困地区。试点没有公布每年实际抵消的量，实际抵消量远低于所规定的比例。全国碳市场第一个履约周期规定 CCER 抵消比例不超过应清缴碳排放配额的 5% 且不得来自纳入全国碳市场配额管理的减排项目。

4. CCER 交易

国家主管部门签发的 CCER，通过国家 CCER 注册登记签发到项目业主账户，项目业主可以在七个试点中，选择将持有的 CCER 划至交易系统并进行交易。目前七个试点累计交易量达 2.6 亿吨。试点阶段，由于市场供给量远大于需求量，CCER 价格通常低于配额价格。同时，由于可用作抵消的 CCER 在项目类型及开发流程中存在差异，不同的项目产生的 CCER 价格也不一样。2021 年全国碳市场第一个履约周期允许除来自纳入全国碳市场配额管理的减排项目外的各种类别 CCER 用于抵消，市场对 CCER 的需求剧增，CCER 交易总体旺盛，2021 年交易量突破 1 亿吨；交易价格也有较大提升，2021 年全国碳市场履约期 CCER 的交易价格普遍接近配额价格。

---

① 根据各试点交易所数据整理计算所得。

表 1-10   CCER 在各试点碳市场抵消条件和交易情况

试点地区	抵消量限制	项目类型	项目计入期	项目所在区域	累计交易总量（万吨）
深圳	当年排放 10%	2014 年：风力、太阳能、垃圾焚烧发电；2015 年：农村户用沼气和生物质发电；清洁交通、海洋固碳；2016 年：林业碳汇、农业	无	指定地区	2119
上海	年度基础配额 5%、1%*	非水电类	2013 年1 月 1 日后	无	11862
北京	年度核发配额 5%	非水电项目及非减排 HFCs、PFCs、N2O、SF6 气体的项目；非本市固定设施减排项目、本市签约的合同能源管理或节能技改项目 2015 年 2 月 16 日后，增加本市造林和经营碳汇	2013 年1 月 1 日后	京外 CCER≤其当年核发配额量的 2.3%；有合作协议地区优先	2574
广东	不超过年度实际碳排放量 10%	2016～2018 年：在广州碳交所交易；甲烷减排项目，其中二氧化碳、煤、油和天然气等化石能源余能利用项目，2017 年开始使用使用省级碳普惠核证减排量产生减排量的 CDM	2013 年1 月 1 日后	70% 以上来自本省，非来自国家试点省市	5885
天津	当年实际排放量 10%	非水电、仅来自二氧化碳气体项目；2019 年：新增本市林业碳汇	2013 年1 月 1 日后	京津冀地区优先，至少 50% 来自该地区（2019）	3021

续表

试点地区	抵消量限制	项目类型	项目计入期	项目所在区域	累计交易总量（万吨）
湖北	年度初始配额10%	2015年：非大、中型水电；已备案减排量100%抵消，未备案项目不高于高有效计入期减排量60%	2013年1月1日～2015年5月31日	有合作协议的省市，不超过5万吨	798
		2016年：农村沼气、林业类	2015年	本省连片特困地区	
		2017年和2018年：农村沼气、林业类	2013～2015年	长江中游城市群（湖北）区域贫困县	
		2019年：农村沼气、林业类	2013年1月1日后	湖北省贫困县	
重庆	排放量8%	非水电、节约能源和提高能效；清洁能源和非水可再生能源；能源、工业生产、农业、废物处理等领域	2010年12月31日后投产（非碳汇）	无	49

注：* 上海2013～2015年为5%，之后年份为1%，数据来自各试点交易所。

针对 CCER 二级市场交易，9 家备案交易机构均制定了 CCER 交易相关管理规则。交易主体包括项目业主、重点排放单位、投资机构、一般企业等，尚未对个人开放；全国和地方碳市场纳入的重点排放单位（共计5000 多家）中只有小部分参与交易。交易产品以现货交易为主。交易方式包括公开交易（挂牌）和协议（大宗）交易等，并出台以涨跌幅限制为主的价格管理措施，但具体规定有所差异（见表 1 - 11），大部分机构对协议转让未设限制。据统计，截至 2021 年 8 月，全国累计成交 CCER现货量约 3.2 亿吨，成交额约 27.8 亿元，均价 8.6 元/吨；其中上海、广东成交量合计占比 50%。根据月度成交统计，除个别月度的成交量在1000 万吨以上或 200 万吨以下，以及成交均价超过 20 元/吨或低于 5 元/吨外，成交量和价格总体趋势较为平稳。[①] 此外，部分地方还尝试开展了远期交易、回购、碳债券等业务，交易规模约在千万吨以上。从交易情况来看，CCER 现货交易市场在 2018 年前后因受到暂缓备案影响较为低迷，2019 年后恢复活跃，分析其主要原因，一是地方碳市场深化发展后的配额总体呈收紧趋势加之全国碳市场启动带来的重点排放单位抵消履约需求增加；二是社会各界在国家提出"双碳"目标后对利用 CCER 实现公益碳中和的需求升温。

表 1 - 11　各地方交易机构对 CCER 交易方式及价格管理的有关措施

地方	交易方式	涨跌幅限制
北京	公开交易	20%
北京	协议转让	无
上海	挂牌交易	10%
上海	协议转让	无
天津	拍卖交易（挂牌）	10%
天津	协议交易	10%

---

① 刘海燕、于胜民、李明珠：《中国国家温室气体自愿减排交易机制优化途径初探》，载于《中国环境管理》2022 年第 5 期，第 22～27 页。

续表

地方	交易方式	涨跌幅限制
四川	公开交易	10%
	大宗交易	30%
	电子竞价	无
重庆	定价申报	10%
	成交申报	30%
湖北	协商议价转让	10%
	公开转让	30%
	协议转让	30%
福建	挂牌点选	10%
	协议转让	30%
	单向竞价、定价转让	无
广东	挂牌点选	10%
	协议转让	无
深圳	挂牌交易	有最低限价
	大宗交易	无

资料来源：根据 9 家交易所公开的交易规则整理。

（二）碳普惠市场建设情况

区别于基于减排增汇项目产生的 CCER，自愿碳市场中还有另一类减排量来源——基于公众减排行为产生的碳普惠减排量。

碳普惠的本质是一种减碳机制。作为自愿减排碳市场中的一个重要机制，碳普惠机制是对强制碳交易制度的补充与完善。具体来说，碳普惠机制是以方法学为计算核准依据，对社会公众和中小微企业的低碳行为进行量化，通过政策激励、商业激励和交易机制为低碳行为赋予价值，引导全社会践行绿色生产生活方式，形成"谁减碳谁受惠"的正向激励循环，从而实现减少碳排放。

1. 政策支持

为推动建立碳普惠机制，国家发布了一系列政策文件，碳普惠政策一览表如表1-12所示。

表 1-12 碳普惠政策一览表

发布时间	主办/ 发布机构	文件名称	有关内容
2014 年 9 月 19 日	国家发展 改革委	《国家应对气候变化规划 （2014 - 2020）》	要求"建立鼓励公众参与应对气候变化的激励机制，拓展公众参与渠道，创新参与形式"
2017 年 1 月 5 日	国务院	《"十三五"节能减排综合 工作方案》	提出要"发展节能减排公益事业，鼓励公众参与节能减排公益活动"
2017 年 5 月 26 日	在中共中央政治局第四十一次集体学习会上，习近平总书记提出要"倡导推广绿色消费，推动形成节约适度、绿色低碳、文明健康的生活方式和消费模式，形成全社会共同参与的良好风尚"		
2019 年 6 月 14 日	生态环境部	《大型活动碳中和实施指南 （试行）》	该文件发布旨在"推动践行低碳理念，弘扬以低碳为荣的社会新风尚，规范大型活动碳中和实施"
2020 年 3 月 2 日	在北京考察新冠肺炎防控科研攻关工作时，习近平强调，要"坚持开展爱国卫生运动……提倡文明健康、绿色环保的生活方式"		
2021 年 2 月 23 日	生态环境部	《"美丽中国，我是行动者" 提升公民生态文明意识行动 计划（2021 - 2025 年）》	明确提出要"结合移动互联网和大数据技术，建立和完善绿色生活激励回馈机制，推动绿色生活方式成为公众的主动自觉选择"
2022 年 1 月 18 日	国家发展 改革委等部门	《促进绿色消费实施方案》	明确提出要"推广更多市场化激励措施。探索实施全国绿色消费积分制度，鼓励地方结合实际建立本地绿色消费积分制度，以兑换商品、折扣优惠等方式鼓励绿色消费"
2022 年 6 月 10 日	生态环境部	《减污降碳协同增效实施方案》	明确提出"加快形成绿色生活方式。倡导简约适度、绿色低碳、文明健康的生活方式……探索建立'碳普惠'等公众参与机制"

续表

发布时间	主办/发布机构	文件名称	有关内容
2023 年 2 月	中共中央、国务院	《数字中国建设整体布局规划》	提出要"构建普惠便捷的数字社会……推动生态环境智慧治理……加快数字化绿色化协同转型。倡导绿色智慧生活方式"
2023 年 5 月 31 日	生态环境部	《公民生态环境行为规范十条》	行为规范包括"关注生态环境、节约能源资源、践行绿色消费、选择低碳出行、分类投放垃圾、减少污染产生、呵护自然生态、参加环保实践、参与监督举报、共建美丽中国"等

2. 市场现状

根据中国科学院 2021 年的重大咨询项目"中国碳中和框架路线图研究"的研究结论，工业过程、居民生活等消费端占到了我国碳排放的 53%。这意味着消费端蕴含着巨大的减排潜力。近年来，碳普惠市场的现状可归纳为：积极响应号召，潜力尚未释放。各地纷纷探索构建区域碳普惠体系，在顶层制度设计和方法学研究编制上下功夫，尤其湖北省、广东省、四川省、北京市等地，探索路径各有侧重，颇具亮点。

（1）湖北省。

遵循"互联网＋低碳"的建设思路，围绕"碳积分/碳币"的核心概念，致力于探索政府、企业、个人三方联动、长效共赢的碳普惠机制。相关情况将在第二章第三节《碳普惠和低碳传播》部分作详细阐述，此处不细讲。

（2）广东省。

由广东省碳普惠创新发展中心主导的碳普惠项目，是国内较早进行自愿碳市场与强制碳市场破壁探索的项目，即公众因践行低碳行为获取的碳币可用于碳市场交易。但因两个市场间价值体系不对等，转化难度大，导致市场参与度低，用户受众面小。

（3）四川省。

四川成都于 2021 年推出"碳惠天府"平台，采用了公众碳减排积分奖励与项目碳减排量开发运营并行的双路径碳普惠机制，一方面倡导公众践行低碳环保的生活方式，另一方面积极推动资源节约、能源替代、生态保护项目建设。

（4）北京市。

北京交通委联合北京生态环境局于 2020 年推出北京 MaaS 平台，重点聚焦绿色交通领域，鼓励市民践行公交、轨道、步行、骑行、合乘、停驶等低碳出行方式，从中获得的碳减排量可兑换相应奖励。

第二章

市 场 篇

第一节　湖北"双碳"工作特点

建设全国统一的碳排放权交易市场是打造统一要素和资源市场的重要内容。面对全国统一碳市场加快发展的步伐，湖北碳市场应该抢抓窗口机遇，加快转型创新，走差异化发展之路，集中力量打造湖北品牌，努力推出湖北标准和绿色低碳发展样板，吸引更多资源要素在湖北聚集，助推实现"碳达峰、碳中和"。

湖北"双碳"工作的基础条件一般，经济体量、人均 GDP 等经济指标位于全国中游水平，在能耗强度、碳排放强度"双碳"相关关键指标方面甚至高于全国平均水平。经过多年努力，湖北省以湖北碳排放权交易中心为支撑，运用政策手段和市场机制推进"双碳"工作。"十三五"规划末期，湖北省能耗强度、能耗下降速度、碳强度、碳强度下降速度等指标全面优于全国平均水平，"双碳"工作已经取得了阶段性进展。

一、经济基础

经济基础是湖北"双碳"工作的先决条件。2023 年，湖北省经济运行持续回升向好，转型升级加快推进，就业物价总体稳定，民生保障有力有效，高质量发展扎实推进，建设全国构建新发展格局先行区迈出坚实步伐。从 GDP 总量上看，湖北省 GDP 为 5.58 亿元，占全国的 4.43%，在中国内地 31 个省、市、自治区中排名第七。从产业结构上看，湖北省第一产业、第二产业、第三产业增加值分别为 0.51 万亿元、2.02 万亿元和 3.05 万亿元，发展较为均衡（见图 2-1）。①

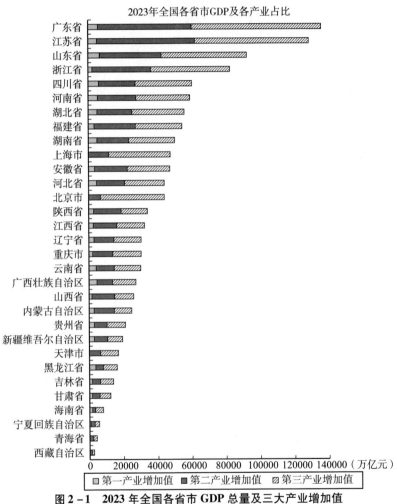

图 2-1　2023 年全国各省市 GDP 总量及三大产业增加值

资料来源：根据国家统计局各省市统计局数据整理。

---

① 根据湖北省统计局数据整理。

二、二氧化碳排放基本情况

湖北省二氧化碳排放量在国内属于中等偏上水平,从整体看,2010~2013年,碳排放量增加明显,由2010年的3.52亿吨上升到2013年的4.12亿吨;在2014年迅速下降至3.60亿吨,保持相对平稳并在2017年后出现缓慢上升趋势至2019年达到3.6亿吨。其中第一阶段省内碳排放量的大幅增长主要由于煤炭使用量的增加,通过"十二五"末期加强节能减排力度,在2014~2015年,省内碳排放有所下降并且保持平稳进入"十三五"时期。从分产业看,工业碳排放为全省主要碳排放来源,在2019年,工业碳排放量达到2.61亿吨,居民生活消费造成的碳排放位列第二,达到0.33亿吨,交通运输、仓储和邮政业的碳排放量紧随其后,达到0.28亿吨。[①] 湖北省碳排放构成中,工业碳排放占绝对主导地位,是"碳达峰、碳中和"目标下主要减排对象。在2010~2014年,湖北省工业碳排放占比约80%,2015年之后工业碳排放占比开始下降,居民生活消费以及交通运输、仓储和邮政业碳排放占比上升,截至2019年,省内工业碳排放占比约72.2%,从一定程度上体现了湖北省工业低碳转型的成效,但与国内一线城市相比还有较大差距,例如北京市工业碳排放量已低至40%并有进一步下降趋势。除工业外,湖北省居民生活消费以及交通运输、仓储和邮政业碳排放占比分别为9.0%和7.6%。其他行业如农、林、牧、渔业等排放占比较小且变化趋势不明显,武汉市的碳排放占比接近1/3,煤炭燃烧是最主要的排放源。2019年,湖北省二氧化碳排放总量约3.55亿吨,占全国总排放的3.6%,全国省市排名第13位。各地级市二氧化碳排放占比约为:武汉占31.2%、黄石占9.2%、荆门占8.0%、宜昌占7.7%、鄂州占7.4%、襄阳占6.8%、十堰占6.2%、荆州占3.7%、咸宁占3.4%、恩施州占2.5%、随州占1.0%,其他地区占13.0%(见图2-2)。能源供应二氧化碳排放为2.8亿

---

① 严道波、杨东俊、方仍存等:《"双碳"目标下湖北省工业转型升级探究》,载于《科技创业月刊》2022年第3期。

吨，其中，煤炭占 64.8%，石油占 16.5%，天然气占 5.5%，其他占 13.2%①（见图 2-3）。

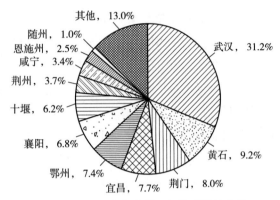

图 2-2 湖北省各市州二氧化碳排放占比

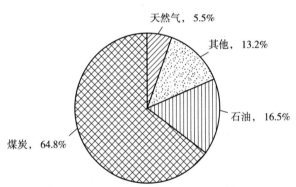

图 2-3 湖北省能源供应二氧化碳排放占比

在碳排放相关指标方面，湖北碳排放总量虽然呈现缓慢上升状态，但碳强度等关键指标下降指标，并显著高于同期全国平均水平。湖北省碳排放在 2010～2019 年呈先迅速上升后大幅下降转稳中有升趋势。从空间维度上看，2019 年，湖北碳排放总量为 3.55 亿吨，列我国第 13 位，约占全国同期碳排放总量的 3.62%；碳强度 0.77tCO$_2$/万元，显著低于全国同期碳排放总量

---

① 根据湖北省生态环境厅相关数据整理。

的 0.99tCO$_2$/万元。湖北省工业各行业碳强度基本低于全省整体平均水平
(0.78),但行业间存在明显差距。其中电力、燃气及水生产和供应业的碳
强度远高于其他行业,达到 7.59;碳强度在 0.1~1.0 吨的行业有 8 个,分
别是化学纤维制造业(0.80)、黑色金属冶炼和压延加工业(0.74)、非金
属矿物制造业(0.74)、化学原料和化学制品制造业(0.74)、造纸和纸制
品业(0.48)、采矿业(0.39)、医药制造业(0.15)、有色金属冶炼和压延
加工业(0.12),另外有 24 个行业碳强度小于 0.1t,其中不乏拥有较高
GDP 的行业。例如,汽车制造业(7274 亿元)、农副食品加工业(3982
亿元)、计算机、通信和其他电子设备制造业(2577 亿元)、电气机械和
器材制造业(2258 亿元)、纺织业(2200 亿元)等千亿元产值行业,这
些低排放高产值行业将在未来省内进一步推动节能减碳工作中起到重要示
范作用,占有关键主导地位。从时间维度上看,近十年来,湖北省碳排放
总量总体呈上升态势,从 2010 年的 3.24 亿吨上升至 2019 年的 3.55 亿
吨,碳强度从 2010 年的 2.00tCO$_2$/万元下降至 2019 年的 0.77tCO$_2$/万元,
下降了约 61.27%;该下降水平显著高于全国同期的平均水平(56.10%)
(见图 2 –4)[1]。

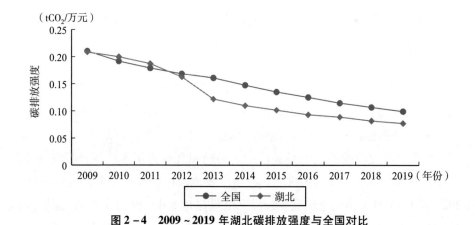

图 2 –4 2009~2019 年湖北碳排放强度与全国对比

① 根据中国碳排放数据库(CEADS)相关数据整理。

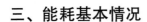

三、能耗基本情况

在能源相关指标方面，从空间维度上看，湖北能耗强度及能耗管控等"双碳"相关指标显著优于全国平均水平。2019年，湖北能耗总量17316万吨标准煤，占全国能耗总量（487000万吨标准煤）的3.56%；能耗强度0.38吨标准煤/万元，远低于同期全国平均能耗强度的0.49吨标准煤/万元。从时间维度上看，"十三五"期间（2016～2020年），湖北能耗总量增长了2.23%（从15897万吨标准煤增长至16251万吨标准煤），但同期湖北GDP增长了28.94%（从3.35万亿元增长至4.30万亿元），能耗强度降低了20.72%，显著优于同期全国能耗平均下降率（11.35%）。①

"十四五"时期开局之年，湖北省继续坚定不移地控制能源消耗总量和强度，通过落实目标责任、优化产业结构、强化政策激励等措施，能源消耗总量和强度"双控"工作取得积极成效，为我国高质量发展做出湖北贡献。

提升重点领域能效水平"煤从空中走，电自全国来"。2021年8月6日，陕北—湖北±800千伏特高压直流工程将启动送电，届时每年可向湖北输送电力400亿千瓦时，约占武汉年用电量的70%。工程可大大缓解湖北能源供需矛盾，有力保障湖北中长期电力供应、优化全省能源布局，其送来的电力还相当于替代使用原煤1800万吨、减排二氧化碳2960万吨。②

降低单位GDP能耗，是推进能源清洁低碳转型、倒逼产业结构调整的现实需要。"十三五"末，全省能耗强度累计下降18%，超额完成国家下达我省16%的目标任务，为全国能耗"双控"做出"湖北贡献"。③

电动汽车充电设施覆盖日益广泛，国网湖北电力至今已累计投资超12亿元，已基本形成以武汉为核心、覆盖主要地级市的较为完备的充电网络。2021年1～8月，湖北电动汽车公司充电量累计5049.59万千瓦时，同比增长151.82%。④乡村生产用能，逐渐从烧柴、烧煤向电气化迈进，无数农产

---

① ③ ④　根据湖北省生态环境厅数据计算。

② 　廖志慧：《7%能耗强度持续下降展现"湖北贡献"》，载于《湖北日报》2021年10月28日。

品乘着电气化"翅膀"飞出大山。在潜江，农业排灌、农产品加工、小龙虾养殖等领域正形成全产业电气化生产链。在襄阳，政府出台文件明确灌溉抗旱用电报装标准，以集中装表立户方式解决 1500 余座电排灌机井用电难题。

近年来，湖北省把控制能源消耗总量和强度作为经济提质增效、促进绿色发展的重要抓手，制定能源消耗总量和强度"双控"年度目标，严格控制新增能耗，建立项目能评与地方节能"双控"目标挂钩的机制（见图 2 - 5）。

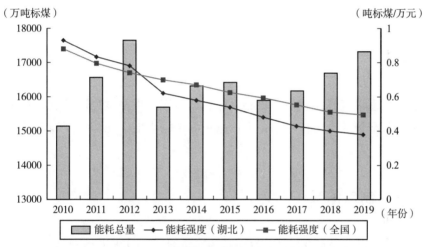

图 2 - 5　2010 ~ 2019 年湖北能耗总量及能耗强度与全国对比

资料来源：中国碳排放数据库（CEADS）。

四、碳汇基本情况

在碳汇相关指标方面，湖北森林面积及覆盖率位于全国中游水平，但增速低于全国平均水平。截至 2022 年，湖北省拥有森林面积 736.27 万公顷，占全国森林总面积 3.34%，居全国第 15 位；森林覆盖率 39.61%，约是全国平均森林覆盖率的 2 倍（22.96%），居全国第 15 位。"十三五"期间，湖北森林面积增长仅 3.14%，同期全国增长率约为 6.14%；尤其在人工林方面，湖北增长率为 1.32%，远低于全国 15.43% 的增长率。①

第二节 湖北碳市场制度体系设计

2011 年 10 月国家发改委确定北京、上海、广东等七省市建立碳排放权交易试点，湖北省是七个试点中唯——个中西部省份。在国家发改委的领导下，湖北省政府、省发改委组织湖北碳交中心、武汉大学、华中科技大学、湖北经济学院和中国质量认证中心武汉分中心，组建了湖北碳交易工作小组。小组紧紧围绕主题主线，着手制度设计、能力建设、系统开发、平台筹建等基础性工作，共同制定了一系列规范可行的规章制度，搭建了运行有效的市场体系。

湖北试点于 2014 年 4 月正式启动，结合湖北经济发展情况，碳交易体系以促进温室气体减排为核心目标，以配额适度从紧为出发点，发挥市场对资源配置的决定性作用，全面拓展碳市场功能，充分实现碳市场的社会效益。

一、制度体系

目前，湖北碳市场已经建立了较为完备的"1 + 1 + N"制度体系。两个"1"分别是 2013 年出台的《湖北省碳排放权交易试点工作实施方案》和 2014 年出台的《湖北省碳排放权管理和交易暂行办法》。"N"是湖北碳市场运行的具体交易制度。"1 + 1 + N"的制度体系实现了对湖北碳市场运行的全环节覆盖，为碳交易试点发展提供了有力支撑。湖北碳市场部分制度创新为全国碳市场提供了重要参考，例如："20%"缺口封顶、企业关停并转的处理等政策设计思路，已被借鉴到全国发电行业配额分配方案中（见表 2 - 1）。

---

① 中华人民共和国国家统计局：《中国统计年鉴》，中国统计出版社 2018 年版。

表 2 - 1 制度体系

制度类型	相关文件	发布机构	时间
碳市场制度	《湖北省碳排放权交易试点工作实施方案》	湖北省人民政府	2013 年 2 月
	《湖北省碳排放权管理和交易暂行办法》	湖北省人民政府	2014 年 4 月
	《湖北省碳排放权配额分配方案（2014 年度）》	湖北省发改委	2014 年 3 月
	《湖北省 2015 年度碳排放权配额分配方案》	湖北省发改委	2015 年 11 月
	《湖北省 2016 年度碳排放权配额分配方案》	湖北省发改委	2017 年 1 月
	《湖北省 2017 年度碳排放权配额分配方案》	湖北省发改委	2018 年 1 月
	《湖北省 2018 年度碳排放权配额分配方案》	湖北省生态环境厅	2019 年 8 月
	《湖北省 2019 年度碳排放权配额分配方案》	湖北省生态环境厅	2020 年 8 月
	《湖北省 2020 年度碳排放权配额分配方案》	湖北省生态环境厅	2021 年 9 月
	《湖北省 2021 年度碳排放权配额分配方案》	湖北省生态环境厅	2022 年 11 月
	《湖北省 2022 年度碳排放权配额分配方案》	湖北省生态环境厅	2023 年 11 月
	《湖北省碳排放配额投放和回购管理办法（试行）》	湖北省发改委	2015 年 9 月
	《湖北省碳排放权出让金收支管理暂行办法》	湖北省发改委	2015 年 12 月
	《省发展改革委关于 2015 年湖北省碳排放权抵消机制有关事项的通知》	湖北省发改委	2015 年 4 月
	《省发展改革委关于 2016 年湖北省碳排放权抵消机制有关事项的通知》	湖北省发改委	2016 年 7 月
	《省发展改革委关于 2017 年湖北省碳排放权抵消机制有关事项的通知》	湖北省发改委	2017 年 6 月
	《省发展改革委关于 2018 年湖北省碳排放权抵消机制有关事项的通知》	湖北省发改委	2018 年 5 月
	《湖北省工业企业温室气体排放检测、量化和报告指南（试行）》	湖北省发改委	2014 年 7 月
	《湖北省温室气体排放核查指南（试行）》	湖北省发改委	2014 年 7 月
	《关于印发开展"碳汇＋"交易助推构建稳定脱贫长效机制试点工作的实施建议的通知》	湖北省生态环境厅、湖北省农业农村厅、湖北省能源局、湖北省林业局、湖北省扶贫办	2021 年 6 月
	《湖北省碳排放第三方核查机构管理办法》	湖北省生态环境厅	2022 年 5 月
	《湖北省碳排放权交易管理暂行办法》	湖北省人民政府	2023 年 12 月

制度类型	相关文件	发布机构	时间
碳交易制度	《湖北碳排放权交易中心碳排放权交易规则（第一次修订)》	湖北碳排放权交易中心	2016 年 12 月
	《湖北碳排放权交易中心有限公司　碳排放权交易市场参与人适当性管理办法》	湖北碳排放权交易中心	
	《湖北碳排放权交易中心会员管理办法》	湖北碳排放权交易中心	2022 年 11 月
	《湖北碳排放权交易中心有限公司　经纪类会员管理办法（试行)》	湖北碳排放权交易中心	2017 年 6 月
	《湖北碳排放权交易中心交易结算管理细则》	湖北碳排放权交易中心	
	《湖北碳排放权交易中心交易风险控制管理办法》	湖北碳排放权交易中心	2017 年 6 月
	《湖北碳排放权交易中心交易信息管理办法》	湖北碳排放权交易中心	

构建层次明晰的制度体系。一是发布《湖北省碳排放权交易试点工作实施方案》，明确湖北碳交易试点建设的总体思路、主要任务和重点工作。二是制定"五项制度"，以《湖北省碳排放权交易管理暂行办法》为基础，制定《湖北省碳排放配额分配方案》《湖北碳排放权交易中心碳排放权交易规则》《湖北省温室气体排放监测、量化和报告指南》《湖北省温室气体排放核查指南》，为市场运行提供了有力的制度支撑。三是陆续出台《湖北碳排放权交易中心配额托管业务实施细则》《碳排放权出让金收支管理办法》《碳排放配额投放和回购管理办法》等，开展业务创新。

二、行业选择

结合湖北产业结构特点，考虑行政管理成本和行业的代表性，在行业选择上遵循"抓大放小"原则。首批纳入湖北省的 138 家工业企业是 2009 ～

2011 年任一年综合能源消费量 6 万吨标煤及以上的企业，这些企业二氧化碳排放量占全省总量的 35%，[①] 覆盖了电力、钢铁、有色金属和其他金属制品、医药、汽车和其他设备制造、化纤、石化、水泥、食品饮料、玻璃及其他建材、化工和造纸 12 大行业。

随着湖北省碳市场的逐渐成熟与发展，湖北省的纳入门槛从 2016 年开始就进行了一定调整，八大行业的准入门槛从 6 万吨标煤降低到 1 万吨标煤，到 2017 年所有的行业纳入标准都降低到了 1 万吨标煤，碳市场覆盖范围不断扩大。

2024 年 1 月 12 日，《湖北省碳排放权交易管理暂行办法》发布，将自 2024 年 3 月 1 日起施行。此次修订后，湖北碳市场工业企业的纳入门槛降低至 1.3 万吨二氧化碳当量，并统一计量标准。此外，"工业企业的纳入标准根据温室气体排放控制目标和相关行业温室气体排放情况等适时调整"的表述，为工业企业纳入门槛的进一步调整预留了空间。加入"非工业企业的纳入标准由省人民政府生态环境主管部门拟定"的表述。该表述一方面说明，湖北碳市场将逐步纳入非工业行业；另一方面也说明，非工业行业的纳入门槛，可能采用与工业行业不同的计量标准或纳入门槛值。

2020 年，电力行业从湖北碳市场被抽离至全国碳市场。湖北碳市场覆盖范围减小，但仍包含钢铁、化工、水泥等重点排放行业。

三、配额分配

配额分配方面，湖北碳交易体系有以下五个特点：

（1）分配适度从紧。湖北省的碳限额按照从紧分配的原则，运用有效成本约束理念，给参与企业一定的履约压力，倒逼企业减排，推动高能耗、高排放企业节能减排，从而达到控制温室气体排放的目的。

（2）实行一年一分。方便主管部门能够及时根据经济发展情况设定合理的年度减排目标，制定符合当年实际发展情况的排放总量。

（3）配额到期注销。为了防止配额跨年累积，影响减排目标，设定企

---

① 湖北省发改委：《湖北省 2014 年度碳排放权配额分配方案 2014 年》。

业免费发放的配额和政府预留配额有效期为一年，未经市场定价的配额到期注销。

（4）双"20"控制市场风险。试点初期，由于基础数据薄弱，根据权责对应原则，将企业承担或收益的范围锁定在 20 万吨或初始配额 20% 以内，一方面，避免持有大量配额的企业剩余配额对市场的灾难性冲击；另一方面，使企业履约成本可预测、可控制，消除企业对履约的顾虑。

（5）设置年度市场调控系数。在后一年配额分配时将前一年配额剩余部分予以扣除。

四、交易机制

在全国碳市场交易中，生态环境主管部门负责制定碳交易相关的技术规范，对碳排放配额的分配情况、重点排放单位的温室气体排放报告与核查进行监督管理。重点排放单位通过全国碳排放权交易系统，采用协议转让、单向竞价或其他符合规定的方式进行交易；完成交易后，通过全国碳排放权注册登记系统完成配额的持有、变更、清缴、注销和交易资金结算。省级生态环境主管部门负责组织开展核查，并进行配额清缴。

市场调控机制。一是配额总量的一定比例为政府主管部门预留，用于调控市场；二是在交易规则注重风险防控，通过涨跌幅、日议价区间等化解市场风险。

拍卖发现价格。政府预留部分配额用于市场调控，通过拍卖形成的碳价有效指导了全年市场的运行。

丰富市场层次。一方面，湖北碳市场对各类投资人低门槛开放，参与主体包括国内外机构、企业、组织和个人。同时，湖北碳市场提供"协商议价转让"和"定价转让"两种交易方式，满足不同市场主体的需求。

五、核查体系

建立核查的制度化管理体系，规范核查报送管理。《湖北省碳排放权管理和交易暂行办法》明确了碳排放权核查工作中企业及核查机构的权利和义务，在 2022 年 5 月，湖北省生态环境厅又发布了《湖北省碳排放第三方核查机构管理办法》，进一步明确了湖北碳市场的核查体系管理。企业需按照规定提交碳排放监测计划和碳排放自测报告；第三方核查机构独立、客观、公正地对企业的碳排放年度报告进行核查，形成企业碳排放核查报告，作为配额管理的依据。

六、抵消机制

首创 CCER 预签发机制。湖北省碳交易主管部门发布抵消机制管理办法，创新 CCER 预签发抵消，企业可提前使用国家发展和改革委员会未签发备案项目用于抵消。

2014 年明确减排量抵消条件。用于湖北碳试点抵消的中国核证自愿减排量应同时符合以下条件：

（1）已备案减排量 100% 可用于抵消；未备案减排量按不高于项目有效计入期内减排量 60% 比例用于抵消。

（2）CCER 需来自本省区域内纳入碳排放配额管理企业组织边界范围外，或与本省签署了碳市场协议的省市，年度用于抵消的减排量不高于 5 万吨。

（3）非大、中型水电项目产生。

（4）在本省注册登记系统进行登记。

2015 年明确减排量抵消条件。2015 年用于湖北碳试点抵消的中国核证自愿减排量应同时符合以下条件：

（1）在本省行政区域内，纳入碳排放配额管理企业组织边界范围外产生。

（2）国家发展和改革委员会已备案的农村沼气、林业类项目产生的减排量。其中，项目产生地区为本省连片特困地区；项目计入期为 2015 年 1 月 1 日~2015 年 12 月 31 日内。

（3）抵消比例不超过纳入碳排放配额管理企业年度碳排放初始配额的 10%。1 吨核证减排量相当于 1 吨碳排放配额。

（4）在本省碳排放权交易注册登记系统进行登记。

允许企业使用绿电减排量及碳普惠量抵销。2022 年度的配额分配方案中明确：纳入企业可以使用由湖北电力交易中心、湖北碳排放权交易中心共同认证的绿色电力交易凭证对应减排量抵消实际碳排放。对于配额存在缺口的企业可进行绿电减排量抵消，抵消比例不超过该企业单位年度碳排放初始配额的10%，且抵消量不超出企业配额缺口量。

鼓励开展碳普惠等温室气体自愿减排活动。武汉市辖区内的纳入企业可以使用在武汉市碳普惠体系下由市生态环境局签发的碳普惠减排量抵消本企业2022年度实际碳排放量。对于配额存在缺口的企业可进行碳普惠减排量抵消，抵消比例不超过该企业年度碳排放初始配额的10%，抵消量不得超出企业配额缺口量。

七、履约管理

《湖北省碳排放权交易管理暂行办法》在信用记录、舆论监督、项目审批、配额扣减、经济处罚等方面进行了规定。未履约企业面临的处罚如下：

未按时足额缴还碳排放配额的，由省人民政府生态环境主管部门责令限期改正，并处2万元以上3万元以下的罚款；逾期未改正的，对欠缴部分，由省人民政府生态环境主管部门等量核减其下一年度碳排放配额。

虚报、瞒报温室气体排放报告，或者拒绝履行温室气体排放报告义务的，由省人民政府生态环境主管部门责令限期改正，并处1万元以上3万元以下的罚款。逾期未改正的，由省人民政府生态环境主管部门测算其温室气体实际排放量，并将该排放量作为碳排放配额缴还的依据；对虚报、瞒报部分，等量核减其下一年度碳排放配额。

国有资产监督管理部门应当将碳减排及本办法执行情况纳入国有企业绩效考核评价体系。

纳入重点排放单位名录的国有企业存在未履行碳排放配额缴还义务、排放数据造假等行为的，省人民政府生态环境主管部门应当及时通报其所属的国有资产监督管理部门。

全面而严格的履约约束机制，对于督促湖北企业完成排放控制目标，实现开市至今100%履约起到了积极作用。

八、平台建设

搭建湖北省碳排放权交易系统、注册登记系统、核查排放报告系统三大电子化平台，为控排企业、投资机构和个人用户提供管理支撑。

1. 注册登记系统

按照碳市场配额管理的相关技术规范和标准设计，系统涵盖了配额发放、跨系统划转、履约、注销、CCER 管理等功能。注册登记系统框架设计合理，业务覆盖全面，功能考虑细致，实用性强，安全可靠，运行平稳，为湖北省碳交易主管部门管理配额和碳市场业务创新提供支撑。

2. 交易系统

系统设计注重规范、高效、安全，碳交易平台功能全面、操作简便、安全可靠、公开透明，为湖北省碳交易参与人提供服务，并开发安卓及 IOS 手机客户端，操作更方便。

3. 排放报告系统

建设规范可靠的排放报告系统，控排企业定期提交监测报告，为核查提供数据支撑。

第三节　碳市场运行经验和成效

碳交易一般由政府首先基于环境承载能力确定温室气体的排放总量，其次以某种可接受的方式对排放权进行初始分配，形成交易的产权，再次由相关企业在碳交易市场上对分配所得排放权进行自由交易，采用市场竞争的方式，确定碳排放权的交易价格，实现对环境容量资源的优化配置。通过建立碳交易市场，可以让市场在资源配置中发挥决定性的作用，通过买卖交易的过程形成合理的市场价格，以直接影响企业经营成本，促使企业淘汰高耗产能或进行低碳改造投资。碳市场机制可以引导社会资本流向低碳领域，提高企业应用低碳技术进行生产转型的积极性，从而带动全社会生产模式和商业模式发生转变。

湖北碳市场启动于2014年，截至2023年12月31日，有各类市场主体22630个，其中，控排企业343家（年综合能耗1万吨标煤以上工业企业），投资机构965家，个人21322人。2022年度，纳入的控排企业总排放量为1.68亿吨，钢铁、水泥和化工三大行业排放量占纳入企业的83%，碳市场有效覆盖了工业领域的温室气体排放。①

一、市场运行

我国碳交易市场试点于2011年启动。2011年10月29日，国家发改委发布《关于开展碳排放权交易试点工作的通知》，批准在北京、上海、天津、重庆、湖北、广东、深圳等七省市开展碳排放权交易试点。2014年4月2日正式开市以来，湖北碳市场交易规模，包括总交易量、总交易额、日均交易量和日均交易额始终居于全国试点首位，交易的连续性、市场开户数、引进社会资金量、控排企业参与度等指标也均居全国首位，碳交中心在金融创新、绿色生产生活方式、生态补偿等方面都进行了一系列的创新与探索，湖北碳市场逐渐从一个"新兵"成长为成熟的碳市场功能平台和绿色发展综合服务平台。2021年7月，全国碳市场正式启动，全国碳排放权注册登记机构（以下简称"中碳登"）设在武汉。

市场运行方面，湖北碳市场交易规模、连续性、引进社会资金量、纳入企业参与度等指标居全国前列。截至2023年12月31日，湖北二级市场累计成交3.88亿吨，占全国七试点42.7%；成交额95.75亿元，占全国七试点42.2%。其中，市场有效交易日占比100%，企业交易率100%，企业履约率100%，市场价格相对稳定，基本在15~50元运行，市场零中断、零投诉。②

二、配额分配

目前全国碳市场的配额总量根据省级生态环境主管部门核定并上报至国

---

① 湖北省生态环境厅：《湖北省2022年度碳排放权配额分配方案》。
② 根据湖北省碳排放权交易中心相关数据整理。

家生态环境部的各重点排放单位的配额数量，最终确定全国配额总量。国家生态环境部制定配额总量和分配方案，省级部门据此向重点排放单位分配规定年度的碳排放配额。目前配额免费发放，未来可能根据国家要求适时引入有偿分配。

湖北碳市场通过科学的配额分配方案，倒逼企业减排成效显著，对碳达峰发挥了积极作用。湖北通过收紧标杆值和行业控排系数、市场调节因子、免费配额到期注销等方式从紧分配配额，有效地倒逼了企业减排。2014 年度至 2022 年度，配额短缺企业占比逐渐增大直至 2020 年有所下降（分别为 43%、26%、44%、63%、60%、68%、57%、54% 和 52%）。2014～2019年，我省第二产业增加值增长率（分别为 10.1%、8.9%、7.8%、7.1%、6.8% 和 8.0%）均高于同期全国平均水平（分别为 7.3%、6.0%、6.1%、6.1%、5.8% 和 5.7%），2020 年受新冠肺炎疫情影响，我省第二产业增加值增长率为 -7.4%，低于全国平均水平（2.6%）节能降碳的同时，呈现出经济高质量发展的良好势头。由于 2020 年度疫情影响，排放数据不具有参考性，因此将 2021 年数据与 2019 年正常状态相比较，剔除纳入全国碳市场的电力企业、退出湖北碳市场的企业、新增企业及不履约企业后，进行减排成效对比。

对比分析发现，与 2019 年度相比，湖北碳市场 2021 年度排放总量仍呈现下降态势。上述企业 2021 年度排放共计 1.55 亿吨，同比 2019 年减少 253.07 万吨，降幅为 1.60%。

行业层面，16 个行业中，有 10 个行业实现了减排，合计减排 477.05 万吨。[①]

三、碳金融创新

碳金融是绿色金融的一种创新形式，狭义上是指以金融工具服务和支持碳市场发展，围绕碳排放权提供交易服务、融资服务、市场支持服务、资产管理服务等，为碳市场健康发展提供金融保障。广义上是指旨在减少温室气

---

① 根据湖北碳排放权交易中心相关数据整理。

体减排和支持绿色低碳发展相关的一切金融活动和制度安排。在狭义碳金融服务中，基础服务主要包括"一站式"开户、第三方存管、跨行清算和会员清结算等；融资服务主要包括碳排放权质押、CCER 质押和碳资产债券等；市场支持服务主要包括碳指数、碳保险等；资产管理服务包括碳资产托管、碳资产回购、碳理财等。广义碳金融服务，主要包括支持低碳项目开发的投融资以及公众日常低碳活动引导，如支持低碳产业融资、企业发行碳中和债、设立低碳产业基金、发行低碳信用卡等一系列金融活动。

碳金融创新方面，拓宽了企业的融资渠道，降低了企业的融资成本，为湖北开展气候投融资试点奠定了基础。湖北碳市场积极开展碳金融创新，碳交易中心进一步拓宽了企业多元化的融资渠道，降低了企业的融资成本，形成了"碳金融创新推动碳市场建设、碳市场建设促进碳金融创新"的互利共赢格局。碳交易中心先后和多家银行签署了 1200 亿元全国最大的碳金融授信，用于支持节能减排技术应用和绿色低碳项目开发；吸引了 5 只累计1.2 亿元的全国最大规模的碳基金入市；持续开拓碳质押贷款业务，2022 年推动人民银行湖北省分行、湖北省生态环境厅等四部委联合印发出台《湖北省碳排放权质押贷款操作指引（暂行）》。截至 2023 年，累计为企业融得资金 22.24 亿元；创新开展碳配额回购业务，2023 年 3 月，湖北碳交中心出台《湖北碳排放权交易中心碳排放配额回购交易业务细则（试行）》。截至 2023 年，累计为企业融得资金 2130 万元；在全国首创了碳资产托管业务，累计托管碳资产达 616 万吨；首创了碳现货远期产品；首创了"碳保险"业务；首创了碳众筹业务等①。碳基金主要用于投资碳交易市场或未来可能取得国家核证自愿减排量（CCER）及脱碳技术企业的涉碳基金。2021年 7 月 1 日，在全国碳市场上线交易启动仪式上，农银国际签署武汉碳达峰基金框架协议。该基金首期规模预计 20 亿元，采用有限合伙企业制，主要投资标的为：绿色低碳产业，碳达峰行动范畴内的优质企业、细分行业龙头企业，特别突出的绿色低碳技术产业化项目。②

根据湖北省人民政府办公厅《关于印发湖北省主要污染物排污权有偿使用和交易办法的通知》和湖北省人民政府《关于加快建立健全绿色低碳

---

① ② 根据湖北碳排放权交易中心内部数据整理。

循环发展经济体系的实施意见》等政策及相关法律法规，为推动绿色金融高质量发展，盘活企业资源资产，优化生态环境资源配置，借款人以依法获得的排污权为质押物，由金融机构等向符合条件的借款人发放贷款。2022年3月30日，中国农业银行十堰市分行向郧西精诚汽配发放全省农行首笔排污权质押贷款5000万元，创新了"排污权质押＋不动产抵押"方式。

2021年8月27日，中国农业银行湖北省分行为湖北三宁化工股份有限公司发放碳排放权质押贷款1000万元，实现首笔在"中碳登"备案的排放权质押贷款。该笔贷款在人民银行动产融资统一登记公示系统（以下简称"中登网"）办理质押登记和公示，并在全国碳排放权注册登记结算机构（以下简称"中碳登"）进行了备案，率先打通了全国碳排放权注册登记结算系统备案等关键环节，有效规避了质押操作风险。碳交易中心还和6家银行签署了碳金融授信，用于支持绿色低碳项目开发和技术应用。碳金融创新帮助企业盘活了碳资产，拓宽了企业融资渠道，降低了企业融资成本。加快碳金融发展对于健全碳市场发展、实现"双碳"目标和深化金融改革具有重要意义。一是促进碳市场长远健康发展。基于碳市场的金融服务，可以通过金融工具为碳市场提供流动性支持，提高交易活跃度，可以通过建立合理的碳交易定价机制，同时利用衍生品创新为交易主体提供风险管理工具，以专业的碳资产管理帮助交易主体盘活碳资产，健全碳市场发展。二是促进全社会绿色低碳转型。在企业层面，推动绿色基础设施建设、研发升级绿色技术、淘汰落后高耗产能都需要资本的支持，加快碳金融发展将引导资本向清洁能源产业、新兴绿色产业、具有低碳潜力的产业倾斜。在社会生活层面，可以通过金融科技创新、金融渠道推广等方式，倡导绿色低碳生活，推动建设资源节约型、环境友好型社会。三是促进国际金融影响力提升。一系列的创新活动，提升了纳入企业履约的积极性，降低了企业的履约成本。

四、CCER 抵消

2021年9月国务院颁布的《关于深化生态保护补偿制度改革的意见》，提出通过发挥市场机制，鼓励和探索多元化生态补偿机制，引导社会资本参与，促进对生态环境的整体保护。CCER 的抵消机制作为我国碳市场的重要组成部分，是降低控排企业清缴履约成本的手段，也是兼具生态与经济发展的重要途径。

湖北省在碳市场抵消机制方面，实现了精准扶贫，为碳中和提供了重要政策抓手。通过抵消机制设置，湖北碳市场优先支持农林项目抵消，探索了"工业补偿农业、城镇补偿农村、排碳补偿固碳"的生态补偿机制，实现了生态环境效益和经济效益。四年来，湖北省共抵消了106.4万吨省内贫困地区CCER，为当地带来收益超过1500万元，针对湖北林业系统、农村能源系统还进行了4次、300余人的项目开发培训；推动湖北减排项目开发达142个，其中农林类项目63个，预计年均减排量290万吨，每年将带来近1000万元收益。另外，还推动通山县开发了全国首个竹子造林碳汇项目，为森林保护提供了较好的示范。①

近期，在湖北省扶贫办的支持下启动的"碳汇精准扶贫"项目，预计每年植树固碳量2.64万吨，并将为2万建档立卡贫困户筹集资金2640万元。另外，碳交中心发起成立了"中国自愿碳交易专家委员会"，开发了自愿碳减排App和交易平台，致力形成互联网创新、个人节能减排和低碳生活方式发展的互利共赢格局。湖北农林类项目开发达128个，其中农村沼气项目55个，居全国首位，年均减排量约214万吨。2014~2019年，湖北CCER总抵消量352万吨，共产生收益约6794万元，其中，贫困地区农林项目抵消了217万吨，产生收益5000万元，占总收益的73%。纳入企业通过购买自愿减排量抵消工业生产过程中的温室气体排放，为实现碳中和提供了很好的解决思路和政策抓手。②

五、碳普惠和低碳传播

湖北碳排放权交易中心（以下简称"湖北碳交"）自开市以来，积极构建强制碳市场与自愿碳市场优势互补、错位发展的格局。武汉市作为全国低碳城市试点，围绕"互联网+低碳"的建设思路和"碳积分/碳币"的核心概念，大力探索建立低碳生活引导机制。

①② 根据湖北碳排放权交易中心相关数据整理。

2016 年，由"碳币兑换机制"课题研究成果转化落地的"低碳生活家＋碳宝包"项目正式上线，鼓励市民践行乘坐公共交通工具等低碳行为，通过在微信公众号后台嵌入方法学算法向用户发放相应的碳积分/碳币，用于兑换餐饮折扣券等礼品。该项目荣获第五届中国创新创业大赛互联网与移动互联网行业团体组第三名，是五年来湖北在"双创"比赛中取得的最好成绩。此后，结合国家发展战略，湖北碳交将低碳生活引导机制与鼓励绿色消费有机结合，打造依托互联网、区块链、大数据等数字化技术手段的碳普惠平台，通过正向激励培育绿色消费市场，将消费侧需求传导至供给侧，进而全面推动形成绿色生产生活方式。

2019 年，以第七届世界军人运动会为契机，在武汉市发改委的指导下，湖北碳交首创"个人减排赛事中和"的大型活动碳减排模式，以"低碳军运"小程序为载体，将个人日常低碳行为的减排贡献量化、收集、汇总并捐献给军运会执委会，成功中和办赛期间开闭幕式及运动员乘坐公共交通用电产生的碳排放[①]。该模式引发了国内外的强烈反响，获得了北京冬奥组委的认可，以该模式为基础开发运营的"低碳冬奥"小程序为 2022 年的北京冬奥实现"绿色办奥"作出了贡献。此后，武汉市大力传承体育赛事碳中和的低碳文化，开展了武汉马拉松碳中和等活动，进一步发挥低碳城市试点先行先试的先锋作用。

为深入贯彻落实习近平生态文明思想，湖北碳交经过近十年的理论研究和实践探索，在省、市、区政府部门的大力支持下，于 2023 年 1 月联合相关平台公司组建了全国首家专业运营碳普惠的国有企业——武汉碳普惠管理有限公司，支持武汉市碳普惠体系建设。2023 年武汉碳普惠体系建设取得了全方位突破性的进展。

一是建设碳普惠管理体系。《武汉市碳普惠体系建设实施方案（2023—2025 年）》《武汉市碳普惠管理办法（试行）》等配套政策出台。

二是建立碳普惠产品开发体系。借助实地调研等方式开展碳普惠场景评价体系研究工作。2023 年 11 月 30 日，武汉市生态环境局印发了《武汉市

---

① 刘树、蔡紫珮：《低碳军运》小程序：打造首个碳中和大型国际体育赛事，引自郑保卫：《为气候行动鼓与呼：中国气候传播案例集萃》，中国社会科学出版社 2023 年版。

分布式光伏发电项目运行碳普惠方法学（试行）》等首批三个碳普惠方法学，为碳普惠减排量产品的开发提供了政策依据。

三是打造碳普惠平台体系。2023 年 6 月 2 日武汉碳普惠管理有限公司揭牌，全国首个国资运营的、三端合一的武汉碳普惠综合服务平台上线，个人低碳生活平台"武碳江湖"小程序引导 47 万余人次[①]践行绿色低碳生活，取得了良好的社会效益。

四是拓展碳普惠消纳体系。2023 年 11 月 6 日，湖北省生态环境厅印发《湖北省 2022 年度碳排放权配额分配方案》的通知，规定"武汉市辖区内的纳入企业可以使用在武汉市碳普惠体系下由市生态环境局签发的碳普惠减排量抵销本企业 2022 年度实际碳排放量"，碳普惠减排量首次被纳入湖北试点碳市场交易品种，完成首单碳普惠减排量交易并用于控排企业履约，实现"方法学编制与公布—减排量开发与登记—碳市场交易与履约"的整体激励闭环，助力湖北试点碳市场抵消机制创新。

五是完善碳普惠支撑体系。武汉市碳普惠专家委员会成立，为相关工作开展提供智力和技术支撑。

六、电－碳交易协同发展

2022 年 3 月 12 日，湖北宏泰集团有限公司与国网湖北省电力有限公司签署战略合作协议，提出双方在市场机制衔接、产品创新、数据共享、结果互认、碳资产管理、碳金融服务等方面深化合作，开展碳交易与绿电、绿证交易机制衔接研究。4 月 26 日，湖北碳交中心和湖北电力交易中心共同举办了"湖北绿电交易签约仪式"，成交新能源电量 4.62 亿千瓦时，等效二氧化碳减排量 33 万吨，[②] 71 家参与交易的电力用户获颁由湖北电力交易中心、湖北碳排放权交易中心共同认证的绿色电力交易凭证。这是全国首批电、碳市场双认证的绿电交易凭证，也是全国省级电力市场和碳交易市场联

---

① 根据"武碳江湖"小程序后台数据库整理。
② 彭子扬、肖孟金：《湖北省内首场绿色电力交易成交电量 4.62 亿千瓦》，新华网，2022 年 4 月 26 日。

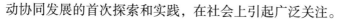

动协同发展的首次探索和实践，在社会上引起广泛关注。

2023 年，湖北进一步深化电－碳市场联动。湖北碳交积极配合省生态环境厅制定了《湖北省 2022 年度碳排放权配额分配方案》，文件首次提出了湖北省内消费了绿电且有缺口的控排企业可以按规则进行排放量的抵消，在全国范围创新了电－碳市场协同模式，既鼓励了企业进步绿电消费，又降低了工业企业的履约成本。在 2022 年度湖北碳市场的履约工作中，最终共实现绿电减排量抵消 80178 吨。

七、能力建设

湖北碳市场积极构建能力建设服务体系，开展碳市场能力建设，提升碳市场影响力。2016 年，经国家发改委审评，湖北碳排放权交易中心联合国内外专业碳交易机构共同筹建了"全国碳交易能力建设培训中心（以下简称"中心"）"，即为健全碳市场配套机制、培育能力建设队伍、支撑全国碳市场健康发展而设立的综合性服务平台。

中心重点打造了"1＋1＋N"的能力建设服务体系，包括 1 个实体培训中心，1 个互联网学习中心以及 N 个行业培训示范基地；致力于开发标准化培训教程并提供一流的师资团队以保证培训质量、探索网络培训与基地走访相结合的教学模式以提升培训效率、提供"培训－答疑－考核－认证"的全流程跟进式服务以强化培训效果；旨在建成"教－学－考－评"一体化、实现能力建设的全流程化的服务与管理，以促进全国碳市场能力建设工作的体系化、标准化、信息化展开。

中心培训已覆盖我国多个省份，共组织 50 多场，达 1 万余人次；建立对外合作渠道，2016 年、2017 年连续两年承担东盟应对气候变化能力建设培训，2019 年承担温室气体减排及能源转型培训，东盟、中亚等 50 个国家环保部门和研究机构的 300 余人参加培训。2020 年，重点开展了注册登记系统、发电行业配额模拟交易等培训，为全国碳市场建设提供支撑。

试点期间参与碳金融创新的各类市场主体约 1400 家，注册资本超过 2100 亿元，从业人员约 5 万人。未来全国碳市场初期规模将是试点总规模（约 12 亿吨）的 2.5 倍，总注册资本预计超过 5000 亿元，将提供超过 12 万就业岗位。①

2021 年，随着"碳达峰碳中和"目标的提出，"碳排放管理员"等新职业的颁布，中心为深化碳市场建设，加快"双碳"紧缺型人才培养，开展了"碳排放管理"培训及"碳达峰碳中和"专题培训。2022 年在全国范围内建立十多家能力建设培训分中心致力于碳排放领域、碳市场相关人才队伍建设，截至目前，累计开展"碳排放管理"培训 14 期，线上线下培训学员 837 人。

2023 年，在湖北碳交中心及中碳登指导下，由宏泰集团二级公司中碳资产管理有限公司控股，时代光华参股，共同组建了中碳教育科技（武汉）有限公司（以下简称"中碳教育"）。

作为双碳垂直领域教育培训公司，中碳教育是集双碳人力咨询、双碳培训课程、双碳学历提升、双碳生态社群于一体的双碳人才培养认证管理平台，面向企业用户和个人用户提供以"内容 + 服务 + 平台"为核心的双碳数字化人才战略解决方案，以解决企业"双碳业务问题"为目标，搭建头部及大型企业、行业、产业的双碳课程体系，提供"双碳人才体系搭建和培养解决方案"以及"双碳业务发展解决方案"。

为进一步贯彻落实国家双碳战略，深入推进生态文明建设，促进生态文明建设与经济社会协调发展，不断提高企业和公众对双碳战略的认识。中碳教育联合各方力量，共同打造符合市场需求的双碳人才培养体系，先后和武汉华源电力设计院签订《电力教研院发展合作协议》合作共建"全国碳交易能力建设培训中心电力教研院"，并组织开展碳中和规划师 – 零碳园区方向培训；与中国地质大学（武汉）经济管理学院、武汉碳普惠管理有限公司共同组建"碳中和人才就业工程实训基地"；与武汉碳普惠管理有限公司、武汉职业技术学院三方共同签署《共建碳普惠应用产业学院战略合作协议》，共同打造全国首家专业培养碳普惠应用型人才的产业学院；承办中国宝武钢铁集团"双碳"高端人才培训班、宝武钢铁集团碳市场建设及碳资产管理培训班；参与中国电力工程顾问集团中南电力设计院有限公司委托进行双碳培训服务，搭建"碳市场认知体系"中高层干部培训班；承接国

---

① 湖北省发改委全国碳市场启动仪式湖北分会场，2021 – 07 – 16.

检测试控股集团全国培训系统双碳录制课程；与民建宁夏区委会直属工委共同举办"CCER 项目开发及碳市场分析交易策略"培训；与云南农垦产业研究院有限公司合作开展"林业 CCER"培训；与四川亿科碳足迹大数据有限公司、武汉大学城市设计学院等签订战略合作协议共同推动人才培养工作等。2023 年，共组织线上线下双碳专业培训 16 场，培训对象包括企事业单位、社会组织以及个人等各类市场参与主体，总人数近万人。

在"服贸会—2023 全球碳市场发展论坛"中，中碳教育与上海时代光华教育公司联合发布了"极光"数字化学习平台。平台拥有 3000 多门自有版权精品课程，内容涵盖双碳通识课程、碳素养特色课程以及时代光华所有经管类课程。学员可以根据自己的兴趣和需要，自主选择学习内容，进行自我提升。以"内容＋服务＋平台"三位一体的方式，深度助力企业双碳人才培养，提升企业的双碳学习效能。通过打造集"培训、考核、评价、运用"于一体的数字化培训平台，旨在将绿色低碳发展纳入国民教育体系，将碳达峰、碳中和作为干部教育培训体系重要内容，增强各级领导干部推动绿色低碳发展的本领。

未来，中碳教育将顺应市场对双碳知识技能培训的需求，陆续上线《碳关税》《双碳通识课程》《碳排放管理员》《林业碳汇规划师》《全国碳市场履约能力建设》《碳交易员》《碳资产管理员》《绿色金融》《水泥行业碳市场模拟盘交易培训》《双碳合规管理》以及《碳足迹》等课程，持续为国家重大战略领域输送领军人才。

第三章

重点领域篇

从湖北到全国，电力行业一马当先[*]

一、湖北能源电力行业迈入清洁低碳新时代

实现碳达峰、碳中和是以习近平同志为核心的党中央统筹国内国际两个大局作出的重大战略决策，意义重大、影响深远。能源是经济社会发展的重要物质基础，也是碳减排的主要来源。加快能源绿色低碳转型，是落实"双碳"目标的主要举措。

能源是主战场。湖北"缺煤、少油、乏气"，能源消费以化石能源为主，能源活动碳排放占碳排放总量的85%以上。2020年湖北能源消费结构：煤炭占比53.5%，石油占比24.0%，天然气占比5%，非化石能源占比17.5%。2020年湖北全社会碳排放结构能源活动占比85%，工业生产过程占比13%，其他占比2%。①

---

* 本节执笔人：李海周，国网英大碳资产管理（上海）有限公司、中南业务部主任、高级工程师，长期从事电力系统节能减排及双碳研究工作，承担政府、国网公司应对气候变化领域多项研究课题。2015~2021年连续7年参加湖北碳核查工作，核查企业近200家，具有丰富的碳核查经验。

① 湖北省人民政府：《湖北省能源发展"十四五"规划》，2022年4月20日。

电力是主力军。电力行业是能源活动碳排放的主要来源之一，低碳转型的核心在于能源生产清洁化和能源消费电气化。2020 年，湖北电源装机火电 3316 万千瓦，占比 40.1%，水电 3757 万千瓦，占比 45.4%，光伏 698 万千瓦，占比 8.4%，风电 502 万千瓦，占比 6.1%。预计到 2060 年省内清洁电源装机比重将达到 90% 以上，电能占终端消费比重将达到 70% 以上。①

湖北省将实现电力碳中和作为能源供给侧结构性改革的核心，实现能源生产清洁化替代。当前湖北的能源结构偏"煤"，化石能源消费占能源消费总量的比重长期在 80% 以上，水电开发已超过 92%，风电、光伏资源条件不以煤为主的能源结构短期内难以改变。预计到 2030 年，湖北电源装机火电 3890 万千瓦，占比 28.2%，水电 3881 万千瓦，占比 28.2%，光伏 4500 万千瓦，占比 32.7%，风电 1500 万千瓦，占比 10.9%；预计 2060 年，湖北电源装机火电 2000 万千瓦，占比 10.6%，水电 3881 万千瓦，占比 20.6%，光伏 10000 万千瓦，占比 53.0%，风电 3000 万千瓦，占比 15.9%。②在"碳达峰、碳中和"背景下，构建清洁低碳安全高效的能源体系，控制化石能源总量，着力提高利用效能，实施可再生能源替代行动，深化电力体制改革，构建以新能源为主体的新型电力系统是湖北能源电力行业迈入清洁低碳新时代的必由之路。

二、湖北试点碳市场电力行业发展历程

根据党中央、国务院关于应对气候变化工作的总体部署，逐步建立国内碳排放交易市场的要求，湖北试点碳市场应运而生，坚持国家指导、因地制宜、突出特色的原则，坚持政府引导、企业主体、市场调节相结合的原则，坚持突出重点、先易后难、循序渐进的原则，坚持公开、公平、公正的原则，推动运用市场机制以较低成本实现控制温室气体排放目标。湖北是中部省份唯一一家，将充分发挥金融集聚效应，吸引资金、技术和绿色金融机构以及各类金融要素向长江中游城市群靠拢。以碳市场为桥梁，打通中西部地

---

① 湖北省人民政府：《湖北省能源发展"十四五"规划》，2022 年 4 月 20 日。
② 根据国家电网湖北电力官方相关数据整理。

区发展通道，实现碳市场和其他资本市场的互联互通，最终将湖北建成全国最具特色和影响力的绿色资本市场。

2011年11月，湖北省被列为全国第一批碳交易试点省市之一，2013年完成碳排放权交易试点工作实施方案编制及碳排放权交易体系研究设计工作，制定出台《湖北省碳排放权交易管理办法》，完成包括管理体制、配额分配、交易平台、核查报告等在内的体系建设。2014年，选择温室气体排放量较大的重点企业，开展碳排放权交易试点。2015年，基本建立符合湖北实际，具有良好开放性和兼容性的碳排放权交易市场。

历经7年反复的试验与打磨，湖北碳市场已日渐成熟，形成了具有湖北特色的碳排放权交易体系，进行了诸多理论探索和实践。湖北试点碳市场采用了"一年一分配，一年一清算"的额度调整制度，对每年未经交易的配额采取收回注销的处理方式。湖北省的配额采用总量动态调整方式，与每一年本地的经济发展状况、国家下达的减排任务、产业因素等挂钩，综合考量了影响碳排放的各种因素。这种动态调整机制，相较于传统的固定配额分配方式，其优势在于企业的配额能够及时反映碳市场变化，既能避免免费配额过多而无法给企业施加足够的减排压力，又能减少由于企业减排成本过高而导致的碳泄漏。

湖北试点碳市场电力及热电联产行业结合区域实际，积累了宝贵经验。碳核查方面，为保证碳排放权交易企业数据准确性、配额分配一致性和交易公平性，对核查过程中相关问题的处理方式进行了统一说明。如氧化因子、单位热值含碳量选取方面，对于电力行业企业，当企业提供的自测（须核实是否有具备相关参数测试能力，包括设备和人员）或经有资质的第三方实验室［即通过中国合格评定国家认可委员会（CNAS）认可或中国计量认证（CMA）认证的第三方实验室］出具的检测报告符合核查指南要求，且报告覆盖的样本数量充分时，采用实测值作为数据来源，若无此项来源、不符合核查相关要求或样本数量不足时，采用碳氧化率高限值100%，若单位热值含碳量无实测值，将不分煤种，取高限值33.56tC/TJ。如电力行业产量数据选取方面，电力企业需按照主管部门要求提供各机组及全厂发电量、供电量、供热量、运行小时数、负荷率等数据。数据来源包括但不限于企业生产报表、购售电合同、结算发票等，各项产量数据需采用不同来源的数据文件进行交叉验证。对于存在多个机组的，运行小时数、负荷率按要求进行加权计算。

配额分配方面，从电力及热电联产的划分，标杆值的选取，配额履约中探索出行之有效的方法。电力及热电联产的划分原则上来说，只要是国家或省的核准文件上明确说明是热电联产机组的就应该纳入热电联产行业，但实际上并不是所有的企业都能够达到热电联产机组对热电比的要求，结合实际取实际热电比最小的30%作为热电联产行业的划分依据。燃煤电厂标杆值从节能环保的角度来讲，大机组效率高、单机耗能少、碳强度较低，而小机组效率低、单机耗能多、碳强度较高，节能降耗的空间较大。采用天然气、煤矸石等其他燃料的发电企业，其标杆值等于该企业自身上一年度的排放强度或者以历史排放强度的三年算术平均值或按产量（综合发电量）的加权平均值来确定企业标杆值。热电联产行业标杆值的选取，应综合考虑适当减轻热电联产行业的减排压力，可选取第30%位热电联产企业的碳强度作为标杆值。

2016年度纳入湖北碳市场行业15个，纳入碳排放管理企业共236家，电力、热力及热电联产行业共纳入34家企业。其中，电力行业纳入企业共18家，13家燃煤电厂，2家天然气电厂，1家垃圾发电，1家煤矸石电厂，以及1家电网公司。热力及热电联产行业纳入16家企业，其中1家纯热力企业。[①] 2019年，湖北碳市场电力行业及热电联产行业配额总量为1.03亿吨，占全年发放总配额的39.0%。电力行业纳入企业为18家，其中4家配额盈余，14家配额短缺。热电联产行业纳入企业为16家，其中7家盈余，9家短缺。从配额分配方法来看，热电联产16家企业全部采用历史强度法，电力企业有4家采用历史强度法，14家采用标杆法。从减排成效来看，电力企业有6家碳排放强度下降，占企业总量的35.3%（新增一家企业不计算减排成效），热电联产企业有4家碳排放强度下降，占企业总量的25.0%。2019年电力、热电联产行业共减排724.5万吨二氧化碳。[②] 电力行业配额按"双20"原则调整，热力及热电联产行业按行业标杆值排位分配

---

① 湖北省发改委：《湖北省2016年度碳排放权配额分配方案》。
② 根据湖北省碳排放权交易中心相关数据整理。

配额，使配额总量趋于合理，湖北试点碳市场在电力、热力及热电联产行业配额分配、减排成效方面一马当先，为湖北碳市场稳定运行打下了坚实的基础。

三、电力行业从试点到全国

2017年12月19日，国家发展改革委组织召开全国碳排放交易体系启动工作电视电话会议，《全国碳排放权交易市场建设方案（发电行业）》同步印发，标志着全国碳交易体系正式启动。2019年9月，生态环境部根据《全国碳排放权交易市场建设方案（发电行业）》中关于碳排放权市场建设的部署，提出两套配额分配实施方案（试算版），为各省、自治区、直辖市主管部门及纳入碳排放权交易的重点排放发电企业提供试算依据。在此之前，北京、上海、天津、广东、湖北、重庆、深圳和福建自2013～2016年相继启动碳排放权交易试点工作，并完成了主管部门配额分配、企业排放报告报送、第三方核查、企业履约清缴等碳市场完整运行的流程，积累了丰富的经验和教训。

目前，发电行业常见碳排放分配方法主要有两种：基准线法和历史强度法。全国分配方案的两套试算方案，上海、北京、湖北、深圳、福建和广东省的燃煤和燃气机组均采用基准线法，即企业当年度所得配额为各类发电机组的供电（供热）碳排放基准值乘以当年度机组供电（供热）量乘以调整系数。天津所有发电供热企业和广东省资源综合利用机组、使用石油焦发电机组和供热机组采用历史强度法进行发电行业配额分配，即企业当年度配额为上年度发电（供热）排放强度乘以当年度发电（供热）量乘以控排系数。相较历史强度法，基准线法对相同类型机组设定同一条排放基准加强了配额分配的公平性，减少了"鞭打快牛"的情况发生，有助于激励企业提高能源利用效率，降低碳排放，发挥碳市场对企业的减排约束力。但考虑到部分地区同类型的机组较少，历史强度法可作为地区碳排放分配的方案之一。考虑到各省市的经济发展水平、火电机组负荷率、冷却方式、供热比差异较大，全国碳排放分配方法既应考虑分配方案的公平性和透明性，根据供能方式和机组的差异，对基准线设置相应的调整系数，也应考虑到方案的可操作性、相关系数可监测、可报告、可核查。

各地区分配方案主要根据当地已运行的发电机组的类型包括能源种类、装机容量和压力等级进行发电机组类型细分。分配方案对机组分类的粗细程度体现了主管部门对发电企业未来发展的政策引导。对发电机组分类较粗的方案（分为常规燃煤机组；燃煤矸石、水煤浆等非常规燃煤机组；燃气机组3类）导致拥有大装机容量的高效发电机组的企业在碳市场可以卖出配额，小装机容量的老旧机组需要在碳市场中付出大量的履约成本。该方案体现政策引导高效发电机组，通过碳市场等政策工具引导企业逐步淘汰老旧、落后的发电机组。对发电机组分类较细的方案（湖北分为300兆瓦亚临界燃煤机组、300兆瓦超临界燃煤机组、600兆瓦超临界燃煤机组、600兆瓦超超临界燃煤机组、1000兆瓦超超临界燃煤机组5类）导致同类型机组中运行效率较高的发电企业在碳市场中获利，鼓励企业加强节能管理和节能改造，提高运行能效。

2021年7月16日，全国碳市场正式启动碳配额交易，目前与上海、北京、福建等9个试点碳市场并存。第一批纳入全国碳市场交易的为发电企业，共2164家，约年度碳排放40亿吨。[①] 根据重点排放单位2019～2020年的实际产出量以及配额分配方法及碳排放基准值，核定各重点排放单位的配额数量。全国配额总量为各省级行政区域配额总量加总，对2019～2020年配额实行全部免费分配，并采用基准法核算重点排放单位所拥有机组的配额量，重点排放单位的配额量为其所拥有各类机组配额量的总和。纳入全国碳排放权交易市场的重点排放单位，不再参与地方碳排放权交易试点市场。

电力行业重点排放单位在不同省份间的分布存在着较大差异。重点排放单位最多的是山东省338家，湖北省重点排放单位46家，海南省重点排放单位最少只有7家。全国碳排放权交易市场开市，该市场两大系统之一的全国碳排放权注册登记系统设在湖北（交易系统设在上海）。电力行业重点排放单位在不同省份间的分布存在着较大差异。重点排放单位最多的是山东省338家，湖北省重点排放单位46家，海南省重点排放单位最

---

① 根据中华人民共和国生态环境部相关数据整理。

少只有 7 家。全国碳排放权交易市场开市，该市场两大系统之一的全国碳排放权注册登记系统设在湖北（交易系统设在上海）。截至 2021 年 12 月 31 日，全国碳市场第一个履约周期（2019～2020 年度）碳排放配额累计成交量 1.79 亿吨，累计成交额 76.61 亿元，交易价格稳中有升，市场运行平稳有序，其中，海南、广东、上海、湖北、甘肃五个省市全部按时足额完成配额清缴。①

四、湖北借"碳"赋能、绿色崛起

湖北省试点碳市场经过七年的运行，自开市以来就采取"低价起步、适度从紧"的分配策略，使用历史法和标杆法相结合进行配额分配，且行业控排系数和市场调节因子也在逐步收紧，在纳入门槛不断降低、纳入范围不断扩大的背景下，湖北碳市场的"配额收紧"策略有效地刺激了市场交易，提高了市场活跃度。湖北电力行业在认真评估总结履约年积累的经验和教训后，更加注重碳管理培训和履约管理，使企业更加熟悉碳市场的履约机制、市场行情、系统操作等，企业的主动履约意识逐渐增强，试点碳市场开始走向成熟。市场机制是一把"金钥匙"。湖北借助全国碳市场的赋能，深入推进减污降碳协同增效的能源革命，推动经济社会发展全面绿色转型，让美丽湖北、绿色崛起成为湖北高质量发展的重要底色。

我国七个试点碳市场的市场表现差异较大，这与各地能源消费结构、经济发展水平、政府监管力度等的差异有关。试点碳市场建设和运行过程中积累的经验，为全国碳市场的建设提供了宝贵的经验借鉴。未来全国碳市场将进一步完善市场机制，通过释放合理的价格信号，来引导社会资金的流动，降低全社会的减排成本，进而实现碳减排资源的最优配置，推动生产和生活的绿色低碳转型，助力中国如期实现"二氧化碳排放在 2030 年前达到峰值，在 2060 年前实现碳中和"的目标。

---

① 中华人民共和国生态环境部：《全国碳排放权交易市场第一个履约周期报告》，2022 年 12 月。

第二节　钢铁企业利用碳市场机制，促进绿色低碳发展[*]

一、湖北省钢铁行业的发展现状

湖北省作为我国近代钢铁工业的发祥地，自 1890 年成立湖北铁政局以来，湖北钢铁工业已有 130 年发展历史。经过多年发展，全省已形成了从矿业采选、原燃料加工、冶炼、压延加工到金属制品较为完备的产业体系，有力支撑了建筑、机械、汽车等主要下游行业平稳快速发展，保障了省内重大工程和重点建设项目的顺利实施。

发展质量明显改善。"十三五"期间，湖北省钢铁行业供给侧结构性改革成效显著，引导 8 家钢铁企业整体关停退出，提前超额完成了国家下达的去产能任务；依法依规推动工模具钢行业违法违规产能退出。2023 年，湖北省粗钢产量 3641 万吨，位列全国第九位，粗钢产量比"十二五"期末增长 24.7%。2023 年 1～11 月，全省黑色金属冶炼和压延加工业实现利润总额 24.81 亿元。[①]

品种结构持续优化。钢铁产品品种质量水平逐年提升，市场竞争力显著增强。高磁感取向电工钢、汽车高强钢、高性能工程结构用钢、高速铁路重轨、海洋工程用钢、高端轴承钢、油气开采用无缝钢管、特冶锻造工模具钢等一批关键品种实现突破，填补了国内省内空白。

绿色发展水平不断提高。大冶特殊钢有限公司、宝武集团鄂城钢铁有限公司获得工业和信息化部"绿色工厂"认定，武汉钢铁（集团）公司顺利

---

　　[*] 本节执笔人：李冰，冶金工业规划研究院，低碳发展研究中心，正高级工程师，主要从事钢铁行业低碳发展理论方法、技术工具和应用实践工作；张利娜，冶金工业规划研究院，低碳发展研究中心，工程师，主要从事钢铁行业低碳咨询、碳市场等研究工作；陈程，冶金工业规划研究院，轧钢处副处长，正高级工程师，主要从事钢铁规划咨询，政策研究，生命周期评价等工作。
　　[①] 湖北省统计局：《湖北省 2023 年统计年鉴》，2023 年 12 月 29 日。

通过中国钢协"清洁生产环境友好企业"评审。大冶华鑫实业有限公司生产钢筋混凝土用热轧带肋钢筋获得工业和信息化部"绿色设计产品"认定。

"十三五"期间，湖北省钢铁行业绿色低碳发展水平稳步提升，随着粗钢产量的波动发展，碳排放总量呈先升后降的趋势。同时，作为国内首批率先开展碳排放权交易试点工作的省份，湖北省利用市场机制促进重点领域节能降碳取得积极成效，钢铁控排企业碳排放量总体呈下降趋势。2023年，湖北省粗钢产量为3641万吨。根据湖北省钢铁企业主要生产数据和能源数据初步估算，湖北省2023年钢铁行业二氧化碳排放总量为6100万吨左右，占全国钢铁行业碳排放总量约3%。①

二、钢铁行业参与湖北碳市场的情况

2011年，国家发展改革委颁布《关于开展碳排放权交易试点工作的通知》，北京市、天津市、上海市、重庆市、湖北省、广东省及深圳市7个碳排放权交易试点省市陆续启动试点工作，为逐步建立国内碳排放权交易市场进行试点探索与准备。湖北省是中西部唯一入选省份，于2013年8月起正式启动碳排放权交易试点，涉及钢铁、水泥、化工等行业。

根据2023年11月印发的《湖北省2022年度碳排放权配额分配方案》，纳入湖北省碳交易试点主要钢铁企业名单如表3-1所示。

表3-1　　　　湖北省纳入碳排放配额管理主要钢铁企业清单

地区	序号	企业名称
武汉	1	武汉钢铁（集团）公司
鄂州	2	宝武集团鄂城钢铁有限公司
黄石	3	湖北新冶钢特种材料有限公司
咸宁	4	湖北金盛兰冶金科技有限公司
黄石	5	湖北新鑫钢铁集团有限公司

① 湖北省统计局：《湖北省2023年统计年鉴》，2023年12月29日。

续表

地区	序号	企业名称
武汉	6	武汉顺乐不锈钢有限公司
十堰	7	十堰福堰钢铁有限公司
十堰	8	十堰市郧阳区榕峰钢铁有限公司
宜昌	9	宜昌市福龙钢铁有限公司
襄阳	10	湖北立晋钢铁集团有限公司
鄂州	11	鄂州鸿泰钢铁有限公司
鄂州	12	湖北吴城钢铁集团有限公司
孝感	13	孝感金达钢铁有限公司
孝感	14	湖北大展钢铁有限公司
荆门	15	荆州市群力金属制品有限公司
随州	16	广水华鑫冶金工业有限公司
黄石	17	宝钢股份黄石涂镀板有限公司
黄石	18	黄石山力兴冶薄板有限公司
荆门	19	湖北华尔靓科技有限公司
咸宁	20	武钢森泰通山冶金有限责任公司
武汉	21	宝武环科武汉金属资源有限责任公司
宜昌	22	宜昌国诚涂镀板有限公司
黄石	23	黄石新兴管业有限公司
黄石	24	湖北日盛科技有限公司
黄石	25	湖北新鑫钢铁集团有限公司
襄阳	26	武钢集团襄阳重型装备材料有限公司
随州	27	广水金汇实业有限责任公司
鄂州	28	武钢资源集团鄂州球团有限公司
鄂州	29	武钢资源集团鄂州球团有限公司

　　在试点阶段，所覆盖钢铁企业积极参与碳市场，保持高水平履约率，并形成碳市场的减排激励机制，为钢铁行业纳入全国碳市场积累了丰富经验。

　　2014年初，武汉钢铁（集团）公司立即组织成立了多部门协调的碳资产管理队伍，并成立了专门领导小组，明确职责分工。

2014 年 6 月，湖北新鑫钢铁集团有限公司正式通过湖北省碳排放权注册登记系统足额提交 2014 年度配额，成为湖北碳排放权交易试点企业中首批承担履约责任、完成清缴义务的典型代表。

2016 年 5 月，湖北新冶钢特种材料有限公司（原湖北新冶钢有限公司）就我国首个钢铁行业碳资产托管项目达成合作。

2016 年 7 月，由中国钢铁工业协会与湖北碳排放权交易中心组织开展首届钢铁行业碳交易能力建设培训，70 余家钢铁行业代表，150 余人参加本次培训。

2017 年 6 月，湖北碳排放权交易中心增资扩股签约仪式成功举行，包括武汉钢铁（集团）公司在内的 9 家单位共同签署了《湖北碳排放权交易中心增资扩股合作协议》。

钢铁企业积极参与碳排放市场交易，在保持高水平履约率同时，取得显著降碳效果。以某 500 万吨级钢铁联合企业为例，通过加大投入节能降碳技术改造，积极参与碳市场交易，按时完成年度碳排放配额清缴，保持 100% 履约，并实现碳市场覆盖范围内吨钢碳排放强度持续下降（见图 3 -1、图 3 -2）。

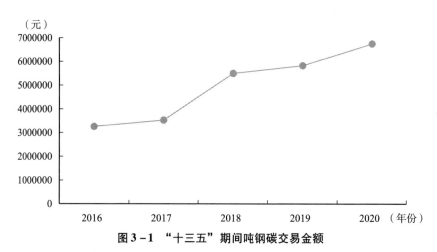

图 3 -1 "十三五"期间吨钢碳交易金额

资料来源：根据湖北省碳排放权交易中心相关数据整理。

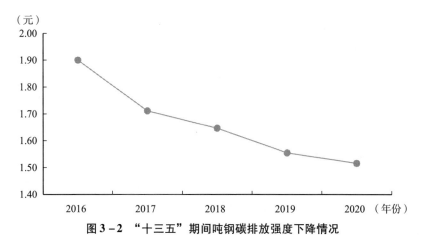

图3－2　"十三五"期间吨钢碳排放强度下降情况

资料来源：根据湖北省统计局各年统计年鉴数据整理。

三、湖北省内钢铁行业节能降碳技术的发展情况

技术进步是推动钢铁企业节能降碳的最有效手段。近年来，湖北省钢铁行业高度重视低碳发展，以市场化机制为抓手，节能降碳技术取得积极进展，为引领全省钢铁行业绿色低碳高质量发展和落实"双碳"目标提供了重要支撑。

一是传统节能减排技术广泛应用。伴随湖北省钢铁行业的发展，湖北省钢铁行业节能降碳技术取得快速发展，干熄焦、烧结余热回收、干式压差发电（TRT）、高效喷煤、转炉烟气余热回收、电炉烟气余热回收、蓄热式燃烧、热装热送、全燃煤气发电、饱和蒸汽发电、电机水泵节能改造等传统节能减排技术广泛应用，钢铁行业二次能源回收及利用效率也逐步提高，大幅降低了企业能耗和碳排放。

二是积极搭建低碳冶金合作平台。2022年1月，由武汉钢铁（集团）公司牵头，涵盖省内多家低碳冶金产业链上下游企业、高校及研究机构共同组建成立"湖北省先进低碳冶金产业技术创新联合体"，旨在以"协同合作，推动创新，共同发展"为宗旨，以应用为导向，以产业链为主轴，以技术为核心，以创新为动力，形成低碳冶金技术研发合力，共同解决先进低碳冶金制造技术及绿色低碳产品应用的关键共性难题，将助力湖北省钢铁行

业及上下游工业的绿色低碳转型发展，为国家早日实现"碳达峰""碳中和"目标作出湖北钢铁的贡献。

三是推动创新低碳技术研发及应用。湖北省钢铁企业积极探索创新低碳技术研发及应用，取得显著成效。武汉钢铁（集团）公司践行绿色钢铁发展理念，建立循环经济示范钢铁企业，设计建设了两条 20 万吨/年的转底炉生产线，对含铁含锌尘泥进行资源化再生利用，助力实现含铁固废"零"出厂，项目 1 号转底炉于 2021 年 10 月底顺利投产，2 号转底炉于 2021 年 12 月底顺利投产，实现了减污降碳协同增效。宝武集团鄂城钢铁有限公司积极谋划二氧化碳捕集与封存技术研究及示范应用，力争为钢铁行业推动二氧化碳捕集、封存与利用（CCUS）起到良好的示范效应。

第三节 农林业参与湖北碳市场的回顾 *

一、湖北农林业在实现"双碳"目标中的作用与地位

21 世纪以来，由碳排放引致的全球气候变化问题已经给经济社会发展带来了巨大威胁。作为世界上最大的碳排放国，中国高度重视应对气候变化。2020 年 9 月，习近平总书记在第七十五届联合国大会一般性辩论上发表重要讲话，提出"中国二氧化碳排放力争于 2030 年前达到峰值，努力争取 2060 年前实现碳中和"的目标，展现出积极为全球气候治理贡献力量的坚定决心。虽然工业、电力等部门被认为是碳减排的重点领域，但农林业在实现"双碳"目标过程中的作用也不容忽视（王红玲，2021；李周，2021；金书秦等，2021；何可，2021）。《中共中央、国务院关于完整准确全面贯彻新发展理念做好碳达峰碳中和工作的意见》《"十四五"全国农业绿色发展规划》《农业农村减排固碳实施方案》等政策文件均将充分发挥农林业减

＊ 本节执笔人：何可，华中农业大学，经济管理学院，副教授，博士生导师；张金鑫，湖北大学中国农业暨典型行业碳减排碳交易研究中心主任，高级实验师，硕士生导师。

碳增汇能力作为政府工作的重中之重。

作为农业大省、生态大省，湖北同样高度重视挖掘农林业在助力"双碳"目标达成中的潜力。从碳汇潜力来看，森林具有重要的碳汇作用，能够通过光合作用，将大气中的二氧化碳固定在植被和土壤之中。这些森林碳汇能够用来抵消那些减排难度大、成本高的碳排放，从而降低实现"双碳"目标的社会成本（何可、宋洪远，2021）。2021 年湖北省森林面积约为1.16 亿亩，森林覆盖率达到 42%①，仍存在较大的提升空间。加之，湖北省高度重视中幼龄林的培养，在 2017 年颁布的《湖北省中央财政林业改革发展资金管理实施细则》中明确提出强化对中幼龄林抚育支持力度的要求，这将保障林业起到更大的固碳效果。通常而言，中幼龄林正处于快速生长的阶段，其固碳速率远高于成熟林和过熟林，伴随自身的生长发育，能够发挥出很大的碳汇增长潜力。

从减排潜力来看，湖北省农林业的潜力同样巨大。一方面，化肥是农业碳排放的重要来源之一，由其生产和使用所引起的碳排放量约占农业碳排放量年平均值的 59.87%（宋长青、叶思菁，2021）。湖北省 2022 年每亩耕地年化肥平均施用量约为 36.61 千克，高于全国 26.54 千克/亩的平均水平，并且相较于美国、英国 2021 年 7.26 千克/亩、12.42 千克/亩的标准②，存在很大差距。另一方面，农药施用在农业碳排放中也占据重要位置。当前，湖北省 2022 年亩均农药使用量约为 1.21 千克/亩，不仅高于全国 0.62 千克/亩的平均水平③，也远高于 2021 年美国的 0.19 千克/亩和英国的 0.16 千克/亩④。这意味着，倘若湖北能够有效减少化肥、农药使用量，那么农业碳排放将能够在相当程度上得以控制。

---

① 湖北省林业局网站，http：//lyj. hubei. gov. cn/bmdt/tpxw/202201/t20220128_3984639. shtml。

② 美国、英国的亩均化肥施用数据均来源于 Our World in Data，https：//ourworldindata. org/explorers/fertilizers。

③ 湖北和全国化肥、农药年平均施用量的数据均来源于《中国农村统计年鉴 2023》。

④ 美国、英国的亩均农药施用数据均来源于 Our World in Data，https：//ourworldindata. org/grapher/pesticide – use – per – hectare – of – cropland。

二、农林业参加湖北碳市场的历程

(一) 农业碳汇扶贫项目参与湖北碳市场的历程

国家发展改革委等六部门于 2018 年共同印发了《生态扶贫工作方案》，强调要探索碳交易补偿方式，结合全国碳排放权交易市场建设，积极推动清洁发展机制和温室气体自愿减排交易机制改革，加大对贫困地区的支持力度。湖北省积极探索基于碳市场的碳汇扶贫，在全国较先提出利用碳市场开展精准扶贫工作，通过利用省内贫困地区林业生态资源，探索生态补偿机制，将"生态富裕、经济贫困"地区的生态环境价值转化为经济价值，在保护生态环境、提高可再生能源利用效率的同时，给贫困地区带来持续性的碳市场收益。

2015 年，以碳汇交易为代表的精准扶贫模式在湖北展开，国内首个基于 CCER 的碳众筹项目"红安县农村户用沼气 CCER 开发项目"正式启用。截至 2021 年底，湖北省沼气碳汇开发项目进展顺利，推动全省农村户用沼气和林业碳汇项目开发达 128 个，已在国家自愿减排信息平台公示的项目达 33 个。截至 2021 年 8 月，湖北省贫困地区已有 217 万吨的碳减排量进入碳交易市场，为贫困地区带来超过 5000 万元的收益[①]。

(二) 林业碳汇项目参与湖北碳市场的历程

湖北省森林面积 1.16 亿亩，森林蓄积量 4.15 亿立方米，森林生态系统每年吸收二氧化碳超过 4800 万吨[②]。由此可见，湖北省具有开发林业碳汇项目的良好优势。2015 年 12 月，由湖北省碳排放权交易中心、通山县人民政府和美国环保协会合作开发的"湖北省通山县竹子造林碳汇项目"正式通过国家发改委的备案审核，成为首个进入国内碳市场的竹林碳汇类核证减

---

① 湖北省林业局网站，http：//gkml. xiaogan. gov. cn/c/ycssthjj/xczxsxxd/192094. jhtml。

② 湖北省林业局网站，https：//lyj. hubei. gov. cn/bmdt/mtjj/bzbk/202107/t20210729_3668914. shtml。

排量项目。该项目分 3 年实行，造林规模达 1.05 万亩，计入期内该项目年均减少温室气体排放量为 0.66 万吨，总量为 13.11 万吨，为当地农民带来 200 万元收入①。

通山县林业碳汇项目试点的成功，也推动了湖北省相关部门进一步加强对省内 CCER 项目资源的全面统筹规划。截至 2021 年底，湖北省已成功开发 8 个林业碳汇项目：通山县竹子造林碳汇项目 1.0514 万亩、通山县竹林经营碳汇项目 42.51 万亩、湖北昌兴碳汇造林项目 15 万亩、蒙恩林业（宣恩）发展有限公司碳汇造林项目 2.22 万亩、通山县碳汇造林项目 10.5 万亩、嘉鱼县碳汇造林项目 6.72 万亩、崇阳县碳汇造林项目 8.3 万亩、孝感市碳汇造林项目 8.06 万亩②。不仅如此，2022 年湖北省省林业局进一步印发了《湖北省推进林业碳汇实施方案》，在全省范围内稳步推动林业碳汇工作的开展，并组织湖北省太子山林场管理局尝试林业碳汇示范林场建设及项目开发试点，此举也为林业碳汇项目的长远发展奠定了坚实基础。

（三）农林业参与湖北碳市场的经验

1. 坚持系统观念，统筹推进农林业减排固碳与稳定脱贫

湖北省不仅森林碳汇、湿地碳汇资源丰富，也深刻认识到了农林业减排固碳、稳定脱贫和乡村振兴之间的协同关系。作为全国碳排放权交易试点省，湖北省在碳市场体系建设中积极探索利用市场机制推进生态扶贫、乡村振兴的体制机制，并取得了良好成效。以曾经的贫困县通山县为例，随着全国首个竹子造林碳汇项目在通山县落地，靠会"呼吸"的竹子一边实现减碳减排，一边推动减贫振兴，最终于 2019 年实现了"摘帽"。

2. 坚持因地制宜，建立健全"碳汇 +"项目交易机制

随着 2017 年国家温室气体自愿减排量项目审批的暂缓，湖北省大量优质的自愿减排项目空置。为此，湖北省在广泛参考借鉴其他省市做法的基础上，结合湖北省优势和现有基础，积极建立健全"碳汇 +"交易机制。目前，湖北省在《关于开展"碳汇 +"交易助推构建稳定脱贫长效机制试点工作的实

---

① 湖北碳排放权交易中心，http：//www.hbets.cn/view/585.html。
② 长江网，http：//news.cjn.cn/sywh/202107/t3843508.htm。

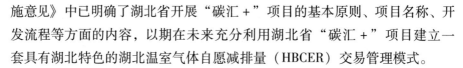

施意见》中已明确了湖北省开展"碳汇＋"项目的基本原则、项目名称、开发流程等方面的内容，以期在未来充分利用湖北省"碳汇＋"项目建立一套具有湖北特色的湖北温室气体自愿减排量（HBCER）交易管理模式。

3. 坚持融资创新，通过众筹融资等方式解决资金问题

目前我国大部分地区的农业 CCER 项目均存在着启动资金不足导致项目无法开展的问题。作为国内首个基于 CCER 的碳众筹项目，湖北省红安县的"农村户用沼气 CCER 项目"开创了众筹融资的新模式，通过搭建网络平台进行众筹，并将众筹资金用于支付前期开发红安县减排量所产生的各项费用支出，有效解决了项目前期开发的资金问题。同时，资助项目的投资人，也会根据投资金额的不同获得荣誉证书、项目 CCER 减排量红安县革命红色之旅等回报。此外，为保障资金专项专用，该项目将湖北碳排放权交易中心作为第三方平台，对众筹资金进行专项监管，为项目发起人和投资人提供资金监管服务，为 CCER 项目退出提供市场通道，保障项目参与各方利益。

4. 坚持政策激励，积极推进农林业碳汇项目建设

在全国首个竹子造林碳汇项目落地后，湖北省通山县立即成立了以县长为组长的通山竹子造林碳汇项目工作领导小组，县林业局成立技术指导组，燕厦乡成立造林碳汇工作专班。各方全面签订责任状，将任务分解到年度、项目、单位、具体责任人。同时，通山县委县政府结合"绿满通山"行动，统筹整合林业、财政、扶贫等相关部门项目资金 1000 万元，与巩固退耕还林成果后续产业建设项目等进行对接，广泛吸收各类投资主体参与造林碳汇，形成多渠道、多层次、多元化的投入格局，大力推进碳汇造林。

5. 产学研协同，助力农林业碳交易

湖北碳市场的主体湖北碳排放交易中心积极与高校、科研院所进行有机协同，破解农林业碳交易难题，助力农林业碳交易。2019 年，湖北大学王红玲教授承担了国家社会科学基金重大项目"气候智慧型农业碳减排及碳交易市场机制研究"，湖北碳排放权交易中心是子课题"气候智慧型农业碳交易市场机制研究"承担单位，共同完成了农业碳交易市场机制构建研究。2023 年，由湖北碳排放权交易中心牵头，湖北大学和华中农业大学参与的湖北省重点研发计划项目"稻田甲烷排放因子库构建与应用研究"获批立项，三方将对湖北省稻田甲烷排放因子进行研究，建立相关数据库，开发稻田甲烷 CCER 交易方法学。

（四）农林业参与湖北碳市场的未来发展趋向

1. 农林业参与湖北碳市场面临的挑战

（1）公众对农林业参与碳市场的认识存在不足。

尽管距湖北省 2011 年开展碳交易试点工作已有十余年之久，但当前仍有不少农业生产经营主体对农林业如何参与湖北碳市场尚不了解，部分控排企业尚未形成优先购买农林业"碳汇＋"增汇减排量的意识，部分媒体存在夸大碳交易经济效益的诱导性宣传现象，从而使社会公众对农林业参与湖北碳市场的重要性尚未达成共识。

（2）农林业碳减排、碳汇项目方法学开发不足。

当前湖北公布的 177 个自愿减排方法学清单中，涉农项目仅有碳汇造林、竹子造林碳汇、森林经营碳汇、可持续草地管理温室气体减排计量与监测 4 个。如何依据湖北农林业资源的禀赋特征，开发出更多具有湖北特色的湖北农林业碳减排、碳汇项目方法学，依然任重道远。

（3）农林业碳交易产品种类单一。

全国农业碳交易产品日渐丰富，但当前湖北农林业碳交易的主力军仍为传统的户用沼气 CCER 项目、竹子造林碳汇项目，具有湖北特色的虾稻共作湖北温室气体自愿减排量项目尚处于开发之中，《关于开展"碳汇＋"交易助推构建稳定脱贫长效机制试点工作的实施意见》中提出农田碳汇、测土配方减碳等"碳汇＋"项目也尚未落地。

（4）农林业碳交易产品价格偏低。

湖北碳配额成交均价虽从 2017 年 4 月 5 日的 16.55 元/吨持续上涨到 2023 年 12 月 29 日的 43.41 元/吨，但仍远低于英国（65 欧元/吨）、欧盟（54 欧元/吨）、新西兰（30 欧元/吨）和韩国（17 欧元/吨）等发达国家近五年的平均碳价水平。不仅如此，湖北农林业碳交易价格也远低于自身年均碳配额成交价（37.37 元/吨）。这一现象将可能导致湖北碳排放权市场与碳汇市场的割裂，在一定程度上不利于农林业进入湖北碳市场。

（5）农林业碳交易缺乏"湖北本土基因"。

目前，农业畜禽饲养、农田种植等领域的温室气体排放因子的统计与研究工作非常薄弱，相关领域的研究统计基本参考国外温室气体排放因子数据进行估算，尚未形成具有公信力的本地化"农业排放因子数据库"，导致农林业温室气体排放基础数据薄弱、测算质量不高。另外，已备案的农业碳减排方法学大多是参照欧盟碳市场的 CDM 机制转化而来的，难以满足湖北农林业碳交易的实际需求。

2. 农林业参与湖北碳市场的未来发展方向

（1）规模养殖企业逐步纳入控排企业。

鉴于第二、第三产业是碳排放的主体，加之农林业碳交易市场尚不成熟，湖北省当前尚未将规模养殖企业纳入控排范围。但也应看到，湖北是养殖大省，全省规模养殖企业超过 2000 家，畜禽养殖产生的碳排放约占全省农业碳排放的 20%[①]。可以预见，伴随 2030 年碳达峰的日益临近，加之《减污降碳协同增效实施方案》的出台，将规模养殖企业纳入控排企业不失为推动湖北省农林业碳排放尽早达峰的可行举措。未来可在设定规模养殖企业排放基线的基础上，通过第三方机构对规模养殖企业生产经营过程中所产生的碳排放进行监测，从而为这些企业配备相应的排放配额。

（2）农林业"碳汇+"项目逐步落地。

一是林业"碳汇+"项目。湖北省地处长江中游，属北亚热带季风气候，具有从亚热带向暖温带过渡的特征。因此，湖北省林木的生长期要长于北方大部分地区。这意味着，在湖北地区具有开发林业"碳汇+"项目的禀赋优势。此外，根据湖北省 2020 年颁布的《关于开展"碳汇+"交易助推构建稳定脱贫长效机制试点工作的实施意见》，加快林业碳汇项目的推进工作已经提上日程。

二是湿地"碳汇+"项目。湖北省有咸丰二仙岩、黄石网湖保护区、蕲春赤龙湖、麻城浮桥河、黄冈白莲河、长阳清江、五峰百溪河、房县古南河、竹山圣水湖、竹溪龙湖、神农架大九湖等国家湿地公园，湿地资源丰

---

① 田云、尹忞昊：《中国农业碳排放再测算：基本现状、动态演进及空间溢出效应》，载于《中国农村经济》2022 年第 3 期，第 104 ~ 127 页。

富。不仅如此，湖北省对湿地实施严格的开发管控制度，全面强化湿地生态系统保护，稳定湿地碳库，并定期组织开展湿地资源调查和动态监测，因而具有开发湿地"碳汇＋"项目的技术基础。

（3）虾稻共作 HBCER 项目。

虾稻共作是气候智慧型农业的一种典型模式，强调以粮为主、生态优先和产业化发展。一方面，饲料投喂和小龙虾活动有利于土壤有机碳的积累；另一方面，稻虾共作有利于改善土壤结构和维持土壤氮平衡。湖北潜江是虾稻共作的首创之地，也是全国稻田综合种养示范市，被称为"中国小龙虾之乡"和"中国虾稻之乡"。湖北省利用虾稻共作项目参与碳市场具有较好的前期基础。

（4）集体沼气碳减排项目。

早在 2014 年 10 月，湖北省农村户用沼气 CCER 项目便已启动，目前已趋于成熟。但伴随城镇化的快速推进和农村劳动力的加速转移，农村的空心化、老龄化等趋势日益明显，户用沼气的发展受限明显。在新的形势下，以村或镇为单位推广规模化的集体沼气已成为重点。未来湖北省可根据这一现状加快开发集体沼气项目方法学。

3. 农林业参与湖北碳市场的未来政策取向

（1）加强公众对农林业碳交易的认识，强化湖北农林业碳交易的社会参与基础。

一是借助时下流行的抖音、微博、B 站、知乎、小红书等网络平台，以喜闻乐见的方式加强湖北省农林业碳减排、碳汇项目宣传工作，提升公众对农林业减排固碳的关注度和认可度；二是通过加强培训、典型示范等方式，让广大农业生产经营主体了解"碳票"变"钞票"的增收新途径，提高农业生产经营主体参与开发农林业碳减排、碳汇项目的积极性，从而强化湖北农林业碳交易的社会参与基础。

（2）加强农林业碳减排、碳汇项目方法学的开发和应用。

一是研究和开发编制更多具有湖北特色的农林业碳减排、碳汇项目方法学，为相关项目的开发提供方法指南、标准依据和实践指导。二是加快湖北涉农高校和科研院所对新兴技术的研发推广进程，例如借助遥感辅助修正农业碳排放、碳汇的测量偏误，运用大数据、云计算等信息技术提升农业碳排放、碳汇核算与管理的信息化水平等。

（3）以湖北十大农业产业链为基础，逐步丰富农林业碳减排、碳汇产品。

一是秉承"抓大放小"的原则，探索尝试将碳排放量较大的规模畜禽（生猪、鸡、牛等）养殖业纳入强制控排范围（何可等，2021）。二是在具体产品上，以"试点先行、循序渐进""成熟一个，发展一个"为原则，在已有沼气碳减排、林业碳汇的基础上，加快虾稻共作 HBCER 项目的应用，并逐步尝试在生猪、蔬菜（食用菌、莲、魔芋）、家禽及蛋制品、茶叶、现代种业、菜籽油、柑橘、道地药材等重点产业链开发农林业碳减排、碳汇产品。

（4）完善农林业领域的碳定价机制，协调"双碳"目标和农民增收目标。

一是考虑到农林业在国民经济中的基础性地位，可尝试在农林业碳交易市场中引入最低碳价机制。例如，可以加征排放价格支持机制税平衡差额，从而稳定碳价。二是考虑到现实中，农业生产经营主体的低碳生产行为涉及生态补偿和碳交易两方面，故可将二者相结合，构建政府碳补偿与农林业碳交易价格增减挂钩机制，从而推动碳交易和政府碳补偿的组合政策发挥良好效益。三是鼓励碳服务机构、国有企事业单位采取保底收购、溢价分成的方式收储农林业碳减排、碳汇产品。

（5）政府主导，产学研协同，建立科学的农林业碳交易核算标准。

一是为了确保农业碳交易的公平性和透明度，需要结合湖北农林业实际情况，建立科学的、蕴含"本土基因"农林业碳交易核算标准，这是推进农业碳交易市场发展的重要基础。二是产学研协同，如湖北碳排放权交易中心、华中农业大学、湖北大学和湖北省农业科学院等，可以联合对湖北农林业碳减排有优势的项目（稻田综合种养、再生稻、测土配方、农业农村有机物发酵等）碳交易的核算标准进行研究，筑牢基础。主要包括制定这些优势项目碳排放和减排的核算方法、数据收集和监测体系等，以便准确地评估减排量。

第四节 浅谈湖北碳市场在强化保障数据质量上的
创新和探索[*]

2011 年 10 月，为落实国家《"十二五"控制温室气体排放工作方案》
中关于逐步建立国内碳排放权交易市场的要求，推动运用市场机制以较低成
本实现我国控制温室气体排放行动目标，国家应对气候变化主管部门印发了
《关于开展碳排放权交易试点工作的通知》，在北京市、天津市、上海市、
重庆市、湖北省、广东省及深圳市开展碳排放权交易试点。

湖北省政府高度重视试点碳市场工作，经过积极的筹备，湖北碳排放权
交易中心于 2012 年 9 月正式成立。2014 年 3 月 17 日，湖北省人民政府常务
会议审议通过《湖北省碳排放权管理和交易暂行办法》，并于 2014 年 4 月 4
日公布印发，该办法明确了湖北试点碳交易市场工作的总体思路、工作目
标、主要任务、保障措施及进度安排。2014 年 4 月湖北碳市场正式敲锣开
市。2021~2022 年，湖北碳市场配额共成交 3.66 亿吨，占全国试点碳市场
总量 41.6%，成交总额 87.01 亿元，占全国试点碳市场成交总额的 51.2%。
截至目前，共有 343 家企业纳入湖北省 2022 年度碳排放配额管理范围，涉
及钢铁、水泥、化工等 16 个行业。从交易规模、引进社会资金量、企业参
与度等指标来看，湖北碳市场成为国内最为活跃的试点碳市场。下一步，湖
北将进一步探索，将纳入碳排放配额管理范围的企业门槛降低到年综合能耗
5000 吨标准煤及以上。①

碳市场，最核心的问题是如何量化与核算，碳排放数据是碳市场机制正

---

* 本节执笔人：徐玮，中环联合（北京）认证中心有限公司、湖北分公司技术主管、中级工程
师、湖北省核查工作技术专家组成员、中环联合资深核查员，2016 年起参与国内碳核查工作，参与
碳核查企业家数约 170 家次，具有丰富的碳核查经验，并为湖北碳市场发展提供技术支撑；冯家林，
中环联合（北京）认证中心有限公司、湖北分公司副总经理助理、中级工程师、中环联合资深核查
员，2016 年起参与国内碳核查工作，参与碳核查企业家数约 150 家次，具有丰富的碳核查经验。
① 连迅、李斯：《湖北已形成碳市场核心资源富集区域优势 武汉向全国碳金融中心迈进》，
新华网，2022 年 4 月 13 日。

常运行的基石，碳排放数据的质量是全国碳市场的生命线。如何让企业对全国碳市场的核算方法、报告体系、核查标准、政策文件等理解透彻，如何让第三方核查机构公平、公正参与核查，如何让市场健康有序运转，是碳市场需要解决的首要问题。不解决这些问题，对碳市场而言不仅是信誉的缺失，还意味着企业会有真金白银的损失。

中环联合（北京）认证中心有限公司（以下简称"CEC"）作为第三方核查机构，从2016年起就参与到湖北碳市场碳排放核查工作中，与湖北碳市场一起成长，对湖北碳市场的发展感受颇深。

湖北碳市场的建立完善基于"可监测、可报告、可核查"的原则和技术体系，强化保障碳市场数据质量，开启了多项制度创新和技术探索，数据质控的丰富实践为全国碳市场数据管理提供了宝贵的经验。

一、建立控排企业碳排放数据记录管理体系

在2014年湖北试点碳市场刚刚启动的时候，碳交易在全国还是个新事物，纳入湖北省试点碳排放权交易的企业，对碳市场不了解，对碳核查指南不清楚。碳排放数据的来源涉及控排企业的生产部门、财务部门、节能环保部门，数据来源复杂，大部分企业没有专门的碳排放管理人员和规章制度。涉及碳排放及配额相关的产品产量、生产活动数据、能源消费量等相关活动水平数据的统计口径较多，如能源消费量存在采购量、出入库盘存量、生产消耗计量等同时存在多套数据的情况，很容易发生企业数据随意填报、漏报、错报的现象。

湖北省碳市场主管部门，在试点一开始就多次组织"纳入碳排放权交易企业培训会"，邀请碳市场专家和第三方碳核查机构资深讲师，就碳市场交易规则、碳资产交易与管理、各行业核算指南、企业数据填报等进行授课，帮助企业建立完整的温室气体排放核算和报告的规章制度，建立健全企业温室气体数据记录管理体系，提高了纳入企业的碳排放数据报送能力，确保了碳排放数据的质量。

同时，湖北坚持要求核查机构按月度统计和核算排放量。按月度统计和核算能够化整为零，让企业高频统计和核算月度排放量，虽然少量增加

了企业和核查机构的工作量，但是对于健全企业碳排放统计体系，及时追踪和控制企业月度排放量有着重要的意义。企业能够据此精确地调整生产经营策略，对于抑制企业排放量的过快增长，降低企业履约成本和风险有着一定的预警作用。

二、发布碳排放第三方核查机构管理办法

一般来说，不同企业报送的数据，涉及不同的行业和不同的方法学，专业性很强，政府部门不太可能设置专门的部门和专业的人员去逐个核查确认。这就需要政府主管部门委托第三方核查机构对企业报送的数据进行核查，再由政府部门来决定是否采信。为了保证数据的真实有效，第三方核查机构需要本着客观独立、诚实守信、公平公正和专业严谨的原则，全面核查企业提交的排放报告，确保碳排放报告数据的真实性，并出具核查报告。

但是，在实践中第三方核查机构面临着诸多问题和挑战。

一是数据交叉校核过程需要规范。核查要求对相关数据源进行追溯、并通过其他数据源进行交叉验证，若第三方核查机构技术能力不足，管理不规范，在报告中未进行数据交叉校核，或者校核过程描述不清，存在不能被验证、追溯等问题，造成数据质量较差。

二是核查问题的处理方式需要统一。一个省的核查工作一般会由多个核查机构进行。若不同核查机构及核查人员对核查技术掌握不全面、不透彻，造成对核查发现问题表述含糊、缺少核查和取证过程的描述，对核查发现的问题理解和处理方式不一致，数据处理过程不规范、不统一，将造成核查尺度把握不一致，无法体现核查工作对数据质量核实确认的作用，对企业造成不公平。

三是核查工作的安排需要合理，包括核查任务期限、核查流程、核查企业规模、市场竞争和非核查业务等多个方面，这些都需要专门的办法加以规范。

为了强化数据质量，湖北碳市场经过多年的实践和总结，根据生态环境部《碳排放权交易管理办法（试行）》《企业温室气体排放报告核查指南

（试行）》等有关规定和要求，于 2022 年 5 月印发了《湖北省碳排放第三方核查机构管理办法》，2023 年 12 月公布了《湖北省碳排放权交易管理暂行办法》进一步规范湖北省碳排放管理工作。湖北省通过招投标严格遴选第三方核查机构，申请专项资金保证充足的核查经费，合理安排核查工作的任务分配及工作周期，对核查要求进行细化明确，对第三方核查机构进行严格要求和管理，确保核查工作的顺利开展及核查数据的质量。

三、更新与细化碳市场核查规则

湖北省每年都组织多轮次的碳排放数据报送、核查结果运用等方面的调研和技术交流，逐步优化碳市场数据管控体系。湖北省每年组织碳核查行业专家，针对上一年度数据管控中反映出来的问题，更新和细化分行业核算指南和核查技术规则，随核查通知下发给控排企业和核查机构。控排企业根据核算指南要求，编制和提交监测计划及上年度碳排放报告，核查机构依据新的核查技术规则开展核查。通过清晰和完善的核查技术规范，保证了数据有效获取、核算结果准确。

同时湖北碳排放权交易市场对于交易主体采用"抓大放小"的处理办法，通过对不同行业存在的通病进行整治，并对个别企业存在的个别问题进行单独处理，从而在整体上化解碳权交易市场存在的问题。

四、关注公平，定期修订配额分配方法

湖北试点碳市场重视对企业停产、排放设施新增或退出、能源结构变化等影响企业排放量、配额量的重大因素的分析，在报告环节量化评估停产预计减少的碳排放、新增或退出设施带来的排放量增减以及能源结构变化产生的排放量变化，在企业后续配额分配中予以修正。从技术层面剔除上述因素对于企业配额总量的影响，在配额分配阶段对于市场交易的公平性是一次有利的尝试。

五、注重核查过程事中事后监管

核查是碳市场数据质控的有力环节。湖北省建立了一套核查机构事中事后监管的长效考评机制，通过交叉复查、现场复核等手段保证核查数据质量及稳定性。对于今后全国碳市场委托生态环境部门技术支撑单位、执法机构或第三方核查机构开展核查工作的机制建设，具有借鉴作用。

湖北碳市场仍在高速发展，CEC 从核查机构的角度，见证了湖北碳市场围绕碳市场数据核算、报告、核查、监管全流程的质量提升。相信在湖北省生态环境厅和湖北省碳排放权交易中心的领导下，坚持以问题为导向，让控排企业的碳排放数据"报得准""核得对""管得住"，打牢湖北碳市场机制正常运行的基石。

第四章

典型案例篇

第一节 华能集团参与湖北碳市场工作情况[*]

华能碳资产经营有限公司（以下简称"华能碳资产"）是中国华能集团有限公司（以下简称"中国华能"）旗下的助力"双碳"目标实现的专业化公司，是根据中国华能《绿色发展行动计划》统一部署设立的专业碳资产经营运作平台，是全国首家经国家工商总局核准使用"碳资产"名称的公司。华能碳资产于 2010 年 7 月在北京成立，目前注册资本金 2.5 亿元，现 5 家股东均为系统内单位，管理资产近 20 亿元，管理碳资产规模超 5 亿吨。

华能碳资产秉持"一体两翼、双轮驱动"发展战略，碳资产管理和综合能源服务两大业务融合赋能、协同发展，致力于建设成为国内领先、国际一流的综合能源服务商。公司具备华能品牌资源、强大的碳资产运营管理能力、全方位低碳综合能源服务能力、金融及环保控股平台支持，且拥有经验丰富的专业团队，可为客户提供碳排放核算、减排项目开发、碳资产交易和碳金融创新等全方位碳资产管理服务，也可提供全产业链、全方位的低碳能源领域综合服务。

---

[*] 本节供稿：华能碳资产经营有限公司。

一、试点碳市场阶段

（一）参与湖北试点建设情况

华能碳资产公司作为投资机构积极参与湖北碳市场，是市场中重要的机构参与者之一。2014 年以来，公司与华能以外企业交易达 1000 笔，交易量接近 500 万吨，为湖北试点碳市场的活跃运行贡献力量。[①]

一级市场方面，中碳资产公司参与了湖北市场开市的首次有偿配额拍卖，以及后续年度多次有偿配额拍卖。基于对市场供需、未来配额分配政策、市场构成等重要指标的判断，碳资产公司通过有偿配额拍卖完成部分建仓，为后续深度参与市场打下基础。

二级市场方面，中碳资产公司建立专业研究及交易团队，运用中长期投资与中短期投机相结合的交易策略，深度参与湖北市场。一方面，分析政策导向、市场发展前景，开展跨履约年度的中长期投资；另一方面，紧密跟踪市场大户动向，在交易活跃期利用价格波动开展较为频繁的买入、卖出投机交易。湖北碳市场率先引入投资机构参与市场，投资机构不仅为市场完整性建设和持续性发展作出了积极贡献，而且通过主动参与市场，机构自身也在积累经验、完善制度、锻炼队伍等方面取得了突破性进展。

（二）湖北碳市场的交易及履约情况

2013～2019 年履约年度，中国华能旗下阳逻、荆门、应城 3 家电厂相继纳入湖北试点碳市场，其年总排放量在 1100 万～1600 万吨，7 年来累计购买配额约 100 万吨，均提前完成各年度履约工作，全力支持湖北碳市场健康稳定运行。综合考虑配额价格走势、自身当年度盈余情况、未来配额分配预期等因素，华能碳资产组织电厂开展了多种方式的碳交易操作。

一是购买配额用于储备。2014 年履约期，华能仅有阳逻电厂一家纳入湖北试点市场，按照当年度的配额分配方案电厂排放量为 800 余万吨，获得

---

① 华能碳资产经营公司内部数据。

免费配额 820 余万吨，盈余配额 20 万吨。作为湖北第一个履约期首批纳入企业，阳逻电厂不满足于按时完成当年度履约任务，进而认真研判趋势，积极参与市场交易。基于对湖北碳市场发展前景的看好，以及对我国节能减碳趋势的判断，电厂预计未来配额分配将存在从紧的趋势，湖北碳市场配额价格也长期看涨。因此，电厂在没有缺口的情况下在二级市场仍购买配额 12 万吨用于储备。后来的事实证明，阳逻电厂储备配额的操作对活跃市场作出了积极贡献，同时对自身碳约束的管理发挥了积极作用。对比当前湖北市场配额价格，提前储备配额的操作为电厂节约碳约束成本超 200 万元。[①]

二是对外购买配额。2016 年履约期，华能所属阳逻、荆门、应城电厂均被纳入湖北碳市场。按照当年度配额分配方案，阳逻、应城出现配额缺口，但荆门电厂配额盈余。基于对未来配额市场价格继续走高的判断，阳逻、应城电厂对外采购配额缺口，荆门电厂盈余配额储备作为未来使用。

三是内部调剂配额，统一管理碳价格。2018 年履约期，阳逻电厂配额缺口，荆门、应城电厂配额盈余。华能碳资产组织电厂开展配额内部调剂操作，即荆门、应城将部分盈余配额参照市场价格统一出售给阳逻电厂，确保各电厂均按时完成履约工作。虽然各电厂在当年度履约期未进行对外交易，但在统一管理的制度安排下，碳约束成本作为一个重要指标在分公司层面进行统筹，减排降碳的目标追求贯彻于湖北省中国华能所有电厂的发展规划和生产经营之中。

（三）湖北碳基金运行情况

在湖北碳排放权交易中心的支持下，华能碳资产公司联合诺安基金于 2014 年 11 月 26 日发起设立国内第一个经证监会备案的碳基金－"诺安资管－创赢 1 号碳排放专项资产管理计划"。该碳基金仅投资于湖北碳市场的碳排放权配额。

在经历 230 个自然日的运作后，于 2015 年 7 月 14 日提前终止，年化收益超过 16%。其中持仓部分净收益 12.55%，远高于同期湖北碳市场涨幅 7.26%。[②]

---

①② 华能碳资产经营公司内部数据。

作为中国碳市场第一个经证监会备案的正规资产管理计划，基金的提前顺利终止意味着"诺安资管－创赢1号碳排放专项资产管理计划"也成为中国碳市场第一个成功运营并成功终止的资产管理计划。本基金为湖北市场在碳市场资管领域树立了良好品牌的同时，也是资本市场和碳市场相结合的成功案例，为推动碳市场发展作出了一定贡献。

二、全国碳市场阶段

2021年7月16日全国碳市场开市，中国华能所属100余家电力企业纳入控排范围。作为大型能源企业，中国华能纳入全国碳市场的企业数量较多，排放体量较大。碳市场在给火电企业带来减排压力的同时，也提供了低碳转型发展的机遇。

在集团公司统一组织下，碳资产公司协助全口径电厂先后开展了开户、数据核算、交易及履约工作，顺利完成首年度履约工作。一是协助集团内100余家电厂完成全国市场注册登记系统和交易系统开户工作改为：在华能集团统一组织下，华能碳资产协助火电企业先后开展了开户、数据核算、交易及履约工作，顺利完成两个碳履约期的履约工作。一是协助火电企业完成全国市场注册登记系统和交易系统开户工作；为首年顺利履约打下基础。二是集团位于浙江、甘肃等地4家电厂参与全国市场开市首日交易，提前熟悉市场规则。三是完成全部火电企业碳排放数据核算、第三方核查、碳配额盈缺测算分析等服务，对所属电厂有了完整性的了解。四是积极参与全国碳市场交易，开展配额和CCER对外交易、配额和CCER置换交易、内部调剂交易等多阶段交易工作，所属全部企业顺利完成首年度履约工作。

在湖北，为了体现碳排放权的资产属性，挖掘增值效益，华能碳资产协助阳逻电厂顺利完成全国碳市场首次履约的同时，还开展碳排放权质押融资，开创碳资产融资新路径。阳逻电厂利用碳排放权作为质押物，向农业银行武汉新洲支行进行质押贷款，共计1000万元；同时，相关碳排放权在全国碳排放权注册登记系统完成备案。本质押融资业务落地后，在市场中引起好评。长江商报等媒体充分肯定了本次碳金融创新的作用，认为碳资产质押融资有效发挥了"碳资产"在金融资本和实体经济之间的联通作用，对支持电力行业重点碳排放企业碳排放配额融资起到良好的示范效应。

第二节 水泥行业碳排放及华新水泥参与碳交易情况[*]

截至 2022 年 12 月 31 日，湖北省水泥熟料生产线达到 55 条，环评批复熟料产能 6117 万吨/年，其中产能 4000t/d 及以上新型干法水泥熟料生产线 34 条，2500t/d 及以下干法水泥熟料生产线 19 条，2 条特种水泥生产线；2022 年履约年度共有 37 家工厂（不含特种水泥生产企业及粉磨站）被纳入湖北省碳排放权交易试点管理，其中华新水泥旗下 13 家工厂（熟料产能占比 36.52%），葛洲坝旗下 8 家（熟料产能占比 21.43%），亚东水泥 3 家（熟料产能占比 8.29%），三家集团企业产能占比 66% 以上，行业集中度较高。[①]

根据 2020 年湖北履约年度配额分配情况，水泥行业碳配额量（不含粉磨站）约占全省碳市场配额总量的 30%，属于湖北省碳排放重点行业。2020 年度，我省熟料总产量 5984 万吨[②]，排放总量 5127 万吨[③]，占全省纳

---

* 本节执笔人：杨宏兵，华新水泥股份有限公司，副总裁，副总工程师，高级工程师，现任中国建材联合会专家委员会委员，湖北省水泥工业协会秘书长，荣获中国建筑材料联合会建材行业标准化工作先进个人，中国循环经济协会、新冠肺炎医疗废物应急管理与处置关键技术“二等奖，荣获黄石市人民政府黄石市有突出贡献专家等，参与《CBMF/Z XX - 2020 水泥窑协同应急处置新冠肺炎医疗废物技术规程》、水泥单位产品能耗限额、与水泥窑协同处置相关、水泥行业碳排放相关的多项国家标准的编制；韩卫卫，华新水泥股份有限公司，可持续发展部部长兼技术中心办公室主任，黄石市突出贡献专家，高级工程师，现任中国建筑材料联合会专家委员会秘书长，主要负责公司碳资产及科技创新管理工作；王兴鹏，华新水泥股份有限公司，标准及法规部部长，经济师，现任湖北省水泥工业协会副秘书长，曾荣获宜昌市生态环境保护奖，参与编制建材行业首份低碳发展白皮书。

① 湖北省经济和信息化厅：《2022 年度全省水泥熟料平板玻璃生产线清单的公告》，2023 - 02 - 28。

② 湖北省统计局：《湖北省 2020 年统计年鉴》，2021 年 10 月 13 日。

③ 数据来源于经验测算，计算方法：2020 年湖北省熟料产量×加权平均碳排放强度值 = 5984 × 856.76/1000 = 5126.85 万吨。

入碳市场行业总排放量约 30%；吨熟料平均排放强度 857 千克 CO_2/t. c[1]，与全国 50% 位强度 853.5 千克 CO_2/t. c[2] 基本持平。

"十三五"期间，全省水泥熟料生产企业累计停窑 18537 天，共计减产水泥熟料 5399 万吨；减少标煤消耗 585 万吨，减少二氧化碳排放 4633 万吨，错峰生产成效显著。

水泥行业加速推广降碳技术，能耗、碳排放水平显著下降。以华新水泥股份有限公司（以下简称华新）为例，2023 年，公司在湖北的 13 家窑线工厂单位熟料平均碳排放约 796 千克 CO_2/t. c（基于国家 2021 年版本的补充数据表计算），与 2020 年碳强度 840 千克 CO_2/t. c 相比实现直接碳减排 91 万吨（以 2023 年熟料产量为基准），减排效果显著，体现了头部企业的"低碳担当"。[3]

一、水泥行业低碳技术发展现状

湖北省水泥行业加速推广第二代新型干法水泥装备及技术，以水泥窑协同处置技术（生活垃圾/城市固体废物等替代燃料替代传统化石燃料技术，市政污泥、为主线，以预热器降阻、篦冷机热效率提升、生产线主要风机节能变频改造、磨机电耗优化等项目为着力点，能耗、碳排放水平显著下降，能源消费环节逐步迈向"低碳化"。同时，加速推进低碳水泥及其产品的研发与实践，不断拓宽水泥行业碳减排路径。

（一）大力推广及应用可靠、成熟、适应性强、降碳潜力高的水泥窑高效生态化协同处置固体废弃物技术

华新具有自主知识产权的"水泥窑高效生态化协同处置固体废弃物成套

---

[1] 数据来源于经验估算，根据化石燃料排放强度 = 熟料烧成煤耗 112 千克标煤/吨熟料（取自 GB 16780 – 2012 的限定值）×2.74 吨 CO_2/吨标煤 = 306.02 千克 CO_2/t. c；考虑余热发电全部在熟料工段扣减，熟料环节电力排放强度 =（行业平均熟料综合电耗 – 行业平均吨熟料余热发电量）= (64 – 30)kWh×0.6101t = 20.74 千克 CO_2/t. c；工艺排放强度按照 530 千克 CO_2/t. c，合计熟料工序碳强度 = 306.02 + 20.74 + 530 = 856.76 千克 CO_2/t. c。

[2] 北京国建联信认证中心：《全国水泥行业碳排放核查报告》，2020 年。

[3] 华新水泥股份有限公司内部数据。

技术与应用"获得 2016 年国家科技进步二等奖，"生活垃圾生态化前处理和水泥窑协同后处理技术"进入 2019 年国家工业节能技术装备推荐目录。

截至 2023 年底，全省熟料生产线 55 条，其中协同处置生产线增加到 23 条，协同处置生产线比例达到 42%。年生活垃圾、漂浮物、市政污泥、污染土、危废等处置能力 600 余万吨，协同处置能力大幅提高。[①]

世界单体规模最大的水泥窑协同处置示范工厂华新黄石万吨线于 2020 年底投产，可消纳生活垃圾预处理可燃物（CMSW）90 万吨/年（折合原生垃圾 150 万吨/年），节约标煤 20 万吨/年，二氧化碳减排 54 万吨/年，目前已实现生活垃圾衍生燃料的热替代率 40% 以上。2023 年单位熟料碳排放 748 千克 CO_2/t.c，远优于行业平均水平，是目前国内单位碳排放最低的普通硅酸盐水泥熟料生产线。为国内水泥行业的碳减排积累了经验、建立了示范，为未来水泥行业"化石燃料去碳化"奠定了技术基础。

2023 年，华新旗下湖北省 13 家窑线协同处置生活垃圾、三峡漂浮物、污泥、危险废物等合计约 220.6 万吨，折算节约标煤约 63 万吨，净减排二氧化碳约 138 万吨，在实现温室气体减排的同时，减少了垃圾填埋对土地的污染与占用，实现资源与环境效益的统一。

"十三五"期间，水泥行业应用"水泥窑高效生态化协同处置固体废弃物成套技术"，累计处置生活垃圾、污泥、污染土等各类废弃物超过 1100 万吨，实现减排二氧化碳约 350 万吨；水泥窑协同处置生活垃圾能力由 2015 年末的 2000t/d，发展至 2020 年末的 7500t/d，年可实现节约标煤 37.8 万吨，直接减排二氧化碳约 100 万吨，与垃圾填埋相比，具有年减排 405 万吨等当量二氧化碳的能力。[②]

（二）以第二代新型干法水泥技术装备创新为主线，提升研发攻关能力，推动建材工业转型升级

大力推广节能低碳技术，高效低阻预热器、生料辊压机终粉磨、立磨外

---

① 2022 年度国家重点研发计划"城镇可持续发展关键技术与装备"专项中的"新型低碳水泥研发及应用关键技术"项目考核指标，新型低钙熟料二氧化碳（CO_2）排放 ≤750kg/t。

② 华新水泥股份有限公司内部数据。

循环粉磨、永磁高效节能风机和新型篦冷机等新技术、新装备，水泥生产能效水平稳步提升；通过优化水泥熟料生产线配套的纯低温余热发电机组，减少外购电力消耗，进一步降低熟料生产综合能耗。

能源消耗效率稳步提升。湖北省水泥熟料生产线基本配套纯低温余热发电机组，熟料生产综合能耗稳步下降，能源消耗效率进一步提升。2021年，湖北省水泥企业龙头华新水泥旗下万吨线、郧县、秭归、赤壁等生产线熟料综合能耗已低于国家发改委发布的能耗标杆值（100公斤标煤/吨熟），能效水平处于全国行业领先水平。

（三）依托新一代信息技术，加强智能化控制水平建设，进一步提升能效水平

智能制造广泛应用。"十三五"期间湖北省水泥企业不断深入推进两化融合，大力引进自动包装系统、自动装车系统、工业机器人等先进的技术和装备，推动行业科技化、自动化及智能化水平进一步提升。

华新水泥实现智能移动IT技术与生产管理全方位融合。通过数字化赋能绿色制造，建设企业能源管理中心，全面推广能耗在线监测系统；改变现有生产方式，全面推进智慧矿山建设、推行智能化行车、包装水泥自动化装车等技术，挖掘节能降碳空间，能效水平得到进一步提升。

（四）加速研发、实践水泥及其产品的"低碳化"生产技术

加快成熟技术推广及新型"低碳"产品的研发。创新与推广水泥行业垃圾衍生燃料（RDF）高替代率技术、高热值固体废物燃料替代技术、水泥制造分开粉磨、超细粉磨技术；探索、实践泥窑余热发电蒸汽制造新型建材技术、混凝土吸碳技术、废弃混凝土再碳化技术等；研究新型低碳胶凝材料，推进含硫硅酸钙矿物、石灰石煅烧粘土水泥（LC_3）、含碳负性矿物（C_3S_2、C_2S、CS）胶凝材料等新型胶凝材料研发。

华新自主研发"水泥、墙材等一体化项目的热联产降碳"技术，利用余热蒸汽水热成岩反映新技术，大规模利用矿山废渣土等生产出高性能墙材，实现矿山资源全利用。既能资源化减碳，又能提升水泥窑余热利用效率。同时，物流相对集中，减少倒运过程的碳排放。华新旗下武穴工厂年产

能 2.4 亿块标准砖试点项目通过提高余热蒸汽利用效率，直接减少二氧化碳排放量 11885 吨/年；对比传统砖与砌块，可减少碳排放 1.58 万～4.71 万吨 CO_2/亿块标准砖。根据"二氧化碳传输－碳化养护－温度－后续水化"协同效应理论，采用水泥窑尾烟气吸碳养护工艺取代传统黏土烧成制砖和混凝土灰砂砖工艺，华新与湖南大学联合开发出水泥产业碳中和新技术，建成世界首条水泥窑尾气吸碳制砖生产线，解决了资源消耗、能耗及二氧化碳排放的问题。以年产 1 亿块蒸养砖生产线为例，每年利用 2.6 万吨二氧化碳，全国推广每年减碳将达到 5200 万吨。

华新通过应用水泥"分别粉磨"技术，实现下游混凝土生产低碳化。通过分别粉磨技术的应用，大幅度提升水泥的工作性能，最终减少混凝土中的熟料用量，降低建筑物生命周期的碳排放。采用分别粉磨工艺生产水泥，用其配置的同标号混凝土中，熟料掺入量较传统混合粉磨工艺降低 10%～15%，单位水泥碳排放较传统水泥下降 15%～20%。

华新与华中科技大学联合开展低成本高性能烟气二氧化碳吸附剂合成关键技术研究，钙基吸附剂循环煅烧/碳酸化脱除二氧化碳技术（以下简称钙循环）是最有希望实现大规模应用的燃烧后二氧化碳捕集的技术之一。该技术采用固态钙作为二氧化碳吸附剂，脱除工业源尾气中的二氧化碳成分。计划第一阶段建成年千吨级钙循环二氧化碳捕集示范，未来有望形成万吨级、十万吨级、百万吨级二氧化碳捕集技术，有效缓解碳排放压力，填补我国钙循环二氧化碳捕集技术工业示范空白。

二、华新水泥参与湖北碳交易及碳资产管理经验介绍

华新旗下 15 家分子公司（13 家熟料生产工厂、2 家水泥粉磨工厂）被纳入我省碳排放交易管理，从试点 2014 年度开始，湖北碳交易试点已历经 7 个履约年度，公司累计配额缺口 124.46 万吨。其中仅 2015 年履约年度（采用固定标杆值），华新工厂存在配额盈余；其他年度配额均有较大程度短缺。

2014 年履约年度：采用历史法，配额分配基数采用 2009～2011 年平均排放量，由于 2014 年水泥产量较历史年份大幅度提升，因此配额短缺最为严重。

2016～2021年履约年度：采用排序标杆法，将全省所有行业碳强度排序，取30%（2016年）/40%（2017～2021年）位强度作为基准值，叠加市场调节因子（小于1）的影响，实际作用于企业的标杆值远低于排序值，每年几乎都有20万～30万吨的短缺（见表4-1）。

2022年履约年度：采用排序标杆法，取2022年当年50%的熟料碳排放强度作为基准，同时在核查阶段，将煤炭默认低位发热值由原来的19.57GJ/t调整为23.18GJ/t，且对于熟料的质量数据（氧化钙、氧化镁）偏离正常范围的（CaO<65%，MgO<2%）单位，核查机构要求其出具相关的佐证材料，核查数据质量较往年有所提升，核查结果与低碳排放之间出现了"正反馈"，公司旗下大量使用替代燃料的工厂的"减碳效益"得到一定程度的体现。

表4-1　　　　　　　华新水泥15家工厂历年盈亏明细

年份	标杆值	市场调节因子	实际标杆值	窑线盈亏（吨）	磨线盈亏（吨）	盈亏合计	备注
2014	历史法	0.9192	—	-1153410	0	-1153410	盈余1家窑线
2015	0.9647	0.9883	0.9534	937658	0	937658	全部盈余
2016	0.8128	0.9856	0.8011	-210384	4276	-206108	盈余4家窑线，1家磨线
2017	0.7927	0.9781	0.7753	-249781	3837	-245944	盈余3家窑线，1家磨线
2018	0.7823	0.9927	0.7766	-191907	-4356	-196263	盈余4家窑线
2019	0.7823	0.9723	0.7606	-211721	4813	-206908	盈余4家窑线，1家磨线
2020	0.7784	0.9828	0.7650	-175932	2286	-173646	盈余2家窑线，1家磨线
2021	0.7731	0.9914	0.7665	-326199	6958	-319241	盈余1家窑线，2家磨线
2022	0.81623	0.9836	0.8029	-7154	6364	-790	盈余5家窑线，1家磨线

在配额分配方案、核算方法不能体现水泥行业减排贡献的不利条件下（即使国际领先的华新万吨线，在现有配额分配及核算机制下，配额仍存在缺口），华新水泥着眼"低碳发展"的未来趋势，积极转变碳资产管理模式，从碳市场初始时的被动管理到将低碳纳入公司发展战略，从花费巨额资金履约到以多种方式开拓创新管理，降低碳履约成本，华新一直在不断地努力和创新，做行业的表率。具体做法如下：

完善碳排放相关制度，规范碳资产管理。华新非常重视碳资产管理，从湖北省碳市场建立初期起，一直有专人负责碳交易工作，2015 年 12 月，成立气候保护部，全面统筹集团公司的碳交易事务；2016 年初，成立各个相关职能中心相互配合的碳资产管理委员会，将碳资产管理纳入公司的发展战略。2018 年气候保护部并入可持续发展部，与国家生态环境部的调整保持一致。华新先后制定了《华新水泥股份有限公司碳资产管理办法》《碳排放对标管理考核办法》《华新水泥股份有限公司碳排放权交易会计核算细则》《关于加强碳排放数据质量管理的通知》等，并督促工厂成立相应的碳资产管理委员会，从上至下严格遵守规章制度。

加强碳交易能力建设，提升公司碳资产管理人员水平，促进水泥行业共同发展。首先，华新长期组织集团下属各排控企业参加省市各级主管部门、行业协会、碳资产管理公司举办的各种类型培训和研讨会；在公司内部，每年固定以现场和视频相结合的方式，定期举行核算、交易等培训。其次，持续推进碳排放审计工作，强化碳排放数据质量管理控制，规范碳资产管理；实施碳排放对标管理，将碳排放减排目标完成情况纳入水泥工厂业绩考核；提升各层级管理人员的碳资管理意识，确保与碳资产管理的相关人员都能具备必要的工作能力。最后，华新旗下黄石分公司还成为首批建材行业碳交易能力建设基地，接待东盟、上海合作组织等"一带一路"共建国家代表，分享水泥窑协同处置发展历程和技术、最新节能减排技术以及应对气候变化的实践经验。华新还大力推进碳交易经验交流及能力建设交流，与中国建材集团、海螺水泥集团等大型集团交流分享华新领先的碳资产管理经验，同时协助国家建材联合会、试点交易所等机构推进水泥行业碳资产管理能力建设。

科学规划"双碳"发展路径和减排目标，高度重视"碳达峰、碳中和"承诺，积极开展减排工作。领跑行业"碳中和"赛道。2021 年 8 月 30 日，华新发布国内建材行业首份低碳发展白皮书，规划未来的碳减排路径和目标，未来将在替代原燃料技术、低碳熟料/水泥开发等绿色、低碳领域持续加强技术攻关及科技成果转化，为水泥行业绿色、低碳发展注入可持续动力。

积极地为碳市场的建设和发展建言献策。在湖北试点初期，华新邀请豪瑞集团全球碳交易专家参与湖北省发改委组织的碳交易政策制定等专题讨论会，结合欧盟碳交易发展经验，为湖北碳市场建设献言献策；积极参与并反馈湖北省水泥行业温室气体核算指南等一系列碳交易政策、制度的建议。依托丰富的水泥行业碳排放核算经验积极参与课题研究，对水泥行业节能降碳的关键点进行梳理与分析，提供有效的解决方案，力主推动实现了水泥行业配额分配方法从"总量法"向"基准线法"的平稳过渡，使配额分配方案更加科学，符合行业特点。在国家碳市场中，华新担当中国建材联合会、清华大学等配额分配方案制定机构的"行业技术顾问"角色，积极协调、推动国家配额分配方案的调整，作为主要编制单位之一参与起草《建材行业重点产品温室气体排放限额》国家标准，参加中国建材集团牵头的水泥行业全国碳市场政策研究组（C9），推动水泥行业碳排放由强度控制向总量和强度的"双控"政策；支撑中国建材联合会完成《企业温室气体排放核算与报告填报说明水泥熟料生产》《碳排放核算与报告要求第8部分：水泥生产企业》等标准的修订与优化工作，为后续全国碳市场水泥行业碳排放的核算、配额分配方案的制定提供技术支持。

合规履约，履行企业社会责任。华新特别积极重视履约工作，历经七个履约年度，每年都按时完成履约工作，积极履行企业应对气候变化的社会责任，同时开展高抛低吸、CCER置换、配额托管、碳保险等方式、盘活碳资产、降低履约成本。其中，CCER远期置换开创了全国统一碳市场远期CCER交易先河，合约采用创新性设计，综合场外交易、碳排放权配额及CCER置换等工具，盘活企业碳资产同时，提前锁定全国碳市场CCER资源，降低履约成本，达成低碳目标，兑现低碳承诺，提高经济效益；此举对全国建材行业企业碳交易管理也将具有指导借鉴意义。碳保险是全国第一个与碳业务相关的保险，2016年华新与平安财险签署全国首个碳保险认购意向协议，为湖北省13家分子公司量身定制节能减排设备保险方案。

第三节 国泰君安碳金融业务实践*

一、国泰君安简介

（一）企业概况

国泰君安是上海市国资企业，也是中国证券行业长期、持续、全面领先的综合金融服务商。国泰君安跨越了中国资本市场发展的全部历程和多个周期，始终以客户为中心，深耕中国市场，为个人和机构客户提供各类金融服务，确立了全方位的行业领先地位。2011~2020年，国泰君安的营业收入连续十年名列行业前三，在致力于实现高质量增长、规模领先的同时，注重盈利能力和风险管理。在二十余年创新发展的过程中，国泰君安逐渐形成了风控为本、追求卓越的企业文化，成为中国资本市场全方位的领导者以及中国证券行业科技和创新的引领者。这样的成绩源于全体国泰君安人的共识：客户至上、统筹兼顾的利益观，风控为本、追求卓越的业务观，以人为本、协同协作的人才观，创新超越、珍惜声誉的处世观；源于对共识的高度认同和持续实践。

（二）碳金融业务概况

国泰君安早在2014年即成立了场外碳金融业务团队，2015年首批获得中国证监会碳交易牌照，也是首家加入国际排放贸易协会（IETA）的中国境内证券公司，先后与湖北碳排放权交易中心等多家试点碳排放交易所建立登记结算关系，保证碳排放交易业务的顺利开展。展业以来，国泰君安与电

---

* 本节执笔人：仝岩，国泰君安证券股份有限公司，固定收益外汇商品部，执行董事，碳金融业务负责人，在国际国内碳金融项目的开发、审核和交易方面有12年丰富经验；高淮，国泰君安证券股份有限公司，固定收益外汇商品部，助理董事，2016年起参与国内碳市场交易，参与碳市场交易量数千万吨，具有丰富的碳市场研究和交易经验。

力、林业、新能源及智慧出行等重要集团与政府部门广泛合作，先后完成证券公司首单 CCER（国家核证自愿减排量）购买交易等多项业务，连续多年获评湖北、北京、上海、广东等试点碳排放权交易所优秀会员及优秀投资机构，是国内碳交易市场的重要参与方和有影响力的定价交易机构，为诸多龙头企业集团绿色减排提供领先的碳金融服务。

截至 2023 年末，国泰君安试点配额、CCER 累计成交量超过 7500 万吨。[①] 其中 2021 年全国碳市场启动后国泰君安碳金融业务持续发力，全年完成 CCER 交易量约 1500 万吨，与纳入全国碳市场重点排放单位 CCER 交易量约 300 万吨[②]，服务电力、造纸、化工等多行业实体企业需求，交易对手方类型涉及控排企业、自愿碳中和企业、碳服务平台、机构投资者等，业务遍及湖北、上海、北京、广东等试点地区和山东、安徽、河南、河北、江苏、青海等非试点地区。

（三）参与湖北碳市场经验

依托于市场调节因子、配额结存规则、"双 20"调节等创新市场调节机制以及金融机构、投资机构、个人等非履约主体的高度参与，湖北市场是试点碳市场中价格较稳定、成交量较大、流动性较好的市场之一，具备良好的投资前景。

湖北试点碳市场常于各履约年度末举办配额拍卖。从国内外市场运行规律不难发现，通常而言拍卖底价对市场参与方价格预期都有较强的引导作用，对市场价格有较强的支撑作用，对于投资者而言是入场建仓的良机。根据市场参与经验，结合自身研判，国泰君安参与了多场湖北碳配额（HBEA）拍卖，为湖北试点市场探索多样化的配额分配方式和市场化的调节机制提供了积极的响应和支持。截至 2023 年末，国泰君安 HBEA 交易量超过 300 万吨，占市场成立至今累计交易量约 3%。[③]

---

①③　国泰君安证券有限公司内部数据。
②　国泰君安 2023 年年报数据整理所得。

二、国泰君安碳金融业务

碳金融业务是以交易为核心，依靠一流的交易定价能力，价格走势的专业判断，提供碳排放权交易、碳排放权买断式回购、减排量购买交易等服务。

（一）碳排放权现货和衍生品交易

作为最早获得证监会无异议函的证券公司之一，国泰君安多年来一直深耕国内碳市场，在业务模式和规模等方面均处于市场领先水平。国泰君安主要参与湖北/上海/广东/北京等试点碳配额和各类减排量（CCER、试点地区碳普惠减排量等）产品的现货和衍生品交易。其中，现货交易主要是向市场提供流动性，并直接服务于水泥、发电、钢铁等排放企业的碳交易需求；衍生品交易主要是为市场参与主体提供高质量的风险管理、套期保值等服务功能，促进碳价格发现。

（二）碳减排量购买交易

碳减排量购买交易业务（国际上一般称为 Emission Reduction Purchasing Agreement，ERPA）的基本模式为：交易商（买方）与减排量产生商（卖方）签署减排量购买交易协议，约定由交易商通过各种形式先行承担减排量申报过程中的风险（可能包括垫付/支付减排量申报过程中支付给咨询机构和第三方审定机构的费用，或提供预付款等），并在未来某个时刻按照约定的定价机制进行减排量现货的交易。碳减排量购买交易业务的本质是买卖双方针对减排量申报周期中存在的不确定性（即失败的风险）和相关费用（包括项目和减排量申报文件的编制费用、项目审定和减排量签发费用等）进行的风险交换，在清洁发展机制（CDM）时期就已经产生，是碳市场中模式相对成熟、应用相对广泛的业务模式，拥有近20年的发展历史。是目前国际国内碳市场普遍采用的商业模式。

（三）碳排放权买断式回购交易

碳排放权买断式回购交易业务是指配额或项目减排量的持有人通过回购协议将其所拥有的资产售出给金融机构，并在未来特定时间按照约定的期限和价格购回，从而实现短期融资目标的业务。回购业务可使用各种不同类型的碳资产开展，包括配额、国家核证自愿减排量等。回购业务存续期间，国泰君安根据碳资产市场价格进行盯市，并计算购回履约保障比例，保障比例不足时需融资方提前购回或追加保障。买断式回购交易期限灵活（几天至1年），利率可适当控制。同时，由于有碳资产作为担保品，对企业信用资质没有过高要求，不会占用授信额度。

三、金融机构对碳市场的作用

随着"双碳"目标的提出，数千家实体企业面临着艰巨的减排任务，对碳市场相关的咨询服务、交易定价服务和顾问服务产生新的迫切需求。然而目前我国在试点碳市场进行了几年初步探索，目前还存在着金融化程度不足、碳价格信号不稳定等诸多问题，企业爆发出大量的与碳有关的服务需求与良莠不齐的服务市场之间存在矛盾。由于立法工作的相对滞后，国内碳市场目前缺乏统一的市场监管和标准，行业环境较混乱，很多中介机构道德感责任感较低，服务水平优劣不等，技术能力或咨询实力参差不齐，尤其是多数企业目前还没有专门的人才队伍可以承担碳领域的相关工作，对该领域关注时间短，认知还不太深，对碳交易相关服务质量鉴别能力较差。因此，引入专业的金融机构有助于向碳市场输出先进示范，促进国内碳金融市场规范化发展，助力实体经济部门在"双碳"目标下科学制定发展规划，间接助力"双碳"目标的实现。具体可存在以下帮助。

（一）提供市场化能力建设

金融机构可在参与交易过程中发挥专业服务职能，有助于企业优化经营决策，从而使企业更好地适应碳市场，为交易机构、登记机构、国家主管部门分担工作量，体现金融服务实体经济的作用。

（二）撮合供需双方，促成交易

碳市场启动初期普遍不活跃，纳入金融机构可以撮合供需双方达成交易，从而使市场活跃度有效增长。同样以试点为例，北京、上海、广东市场都在第二个履约年度内纳入了投资机构，纳入机构后，2015 年相对 2014 年线上交易量分别同比增长了 19％、14％、400％，后续年度交易量也呈增长趋势。此外，在多个履约年度内，上海、北京市场所有交易中，机构参与的占比都在八成左右。[①]

（三）弥合价格差，承担交易风险，提供流动性支持，发现价格

国内外实践经验表明，碳价格剧烈波动是碳市场运行过程中存在的突出问题。典型的例子包括价格在市场政策和宏观经济均没有发生重大变化时出现大幅上涨或下跌，或市场流动性枯竭时价格涨幅过大、有价无市，导致企业无法按时履约。

专业机构能够承担一定的风险，可在需要时发挥平抑价格异常波动、提供流动性的作用。当市场出现较反常的波动时，专业机构可根据情况释放其持仓或适当进行买入，以平抑价格波动。

此外，专业机构对市场变化反应速度较快，有助于市场价格发现。由于企业性质、主营业务领域原因，重点排放单位交易决策速度相对较慢，对市场变化的反应速度不够理想。金融机构依托长期参与交易市场的专业性，在市场发生重大改变、碳的内在价值发生波动时，能以更快的速度进行交易，使市场价格趋于合理。

（四）引导碳市场长期投资行为

依托于服务实体经济经验、较低的资金成本和对国家政策目标的理解，专业机构投资者能够从实体经济和国家减排目标的需要出发，以身作则引导碳市场的中长期投资行为，降低投机氛围。

---

① 各大交易所数据整理。

（五）为碳市场领域提供资金、技术、人力等要素资源支持

低碳技术投资不足将导致长期减排难度增加，对碳市场的环境有效性和社会长期减排目标有严重的负面影响，对国家减排战略实施不利。在参与市场过程中，专业机构参与人能够为市场提供技术、资金、人力等方面支持。

第四节　中国质量认证中心参与湖北监测、报告和核查(MRV)体系建设的经验与启示*

2009 年，经中国质量认证中心（CQC）总部批准，CQC 武汉分中心正式成立"低碳认证研究推进中心"，成为全国首家正式设立机构和组织专门人员开展低碳节能新技术研究和新业务推广的分中心。回首近十五年的"低碳之路"，在主管部门的信任和 CQC 领导的重视和支持下，CQC 武汉分中心和低碳中心工作团队筚路蓝缕，开拓创新，充分利用机构人才、技术、信息、品牌等资源优势，围绕湖北省地方低碳事业发展，在应对气候变化政策制定、温室气体排放监测、报告及量化标准和指南编制、温室气体清单编制、碳排放审定与核查、低碳产品认证、企业低碳发展培训等领域保持与国家、省市级政府和国内外机构的紧密合作，开展了多层面的基础性、开创

* 本节执笔人：赵光洁，高级工程师，中国质量认证中心（CQC）武汉分中心绿色业务部部长。主要研究方向为应对气候变化、低碳发展。主持（参与）多项省发展改革委、省生态环境厅及地方委托项目，先后主持编制《武汉市气候变化脆弱性评估报告》《武汉市气候行动规划》《武汉市温室气体清单编制》《湖北省工业碳达峰专项行动方案》等课题研究和技术文件制定；李晔，中国质量认证中心（CQC）武汉分中心主管工程师、武汉分中心湖北省碳核查项目负责人、CQC 核心教师，曾参与"湖北省实施重点企（事）业单位温室气体排放报告制度相关研究""湖北省温室气体自愿减排交易管理系列制度研究项目"，参与全国碳市场能力建设高级培训班（第六期）、湖北省温室气体清单培训、河南省碳核查评审培训、湖南省碳核查培训等授课；黄剑，华中科技大学硕士研究生，中国质量认证中心武汉分中心项目经理、工程师、碳核查资深核查员，2016 年毕业至今从事碳核查工作，参与近 100 家企业碳核查，具有丰富的碳核查经验；刘林坤，中国质量认证中心、中级工程师、2018 年起参加全国碳核查工作，参与碳核查企业数量 80 余家，在电力、水泥行业等行业具有丰富的核查经验，为湖北省碳市场提供了技术支撑。

性、针对性研究工作，获得各级领导和专家高度赞誉，积累了专业力量及人才队伍。

2011 年，国家发展改革委发布《关于开展碳排放权交易试点工作的通知》，确定北京、天津、上海、重庆、湖北、广东、深圳 7 个省市为碳排放权交易试点。湖北省发展改革委高度重视碳排放权交易试点工作，组织多家研究机构和高校，共同开展碳交易体系的研究工作。CQC 武汉分中心作为重要的研究机构之一，承担了监测、报告和核查（MRV）体系的建设工作。自 2015 年入选首批经湖北省省级主管机构批准的核查机构，CQC 武汉分中心一直作为受地方政府信任和委托的核查机构，支持湖北碳市场碳排放数据核查工作，在多年的服务工作中，CQC 武汉分中心一直秉承专业、客观、公正的工作态度为地方碳市场输出高质量的核查报告数据，支持地方低碳事业、支持地方碳市场建设有序推进，引导企业不断提高碳排放管理水平，实现健康良性发展贡献了积极力量。

一、MRV 体系的内涵和国内外研究现状

（一）MRV 体系的本质内涵

《京都议定书》由联合国发起，倡导用市场机制来解决温室气体减排问题，即把碳排放权作为商品，鼓励企业通过污染治理和技术进步节约碳排放指标，将这种指标转化为有价值的资源储存起来，以备扩大发展之需；也可以与其他企业进行商业交换，称为碳交易。在碳交易过程中，为了保证交易的公平、公正，企业碳排放量应做到可监测、可报告和可核查，简称 MRV。为此，进入碳交易市场的履约企业应对其各年度涉及的碳排放量相关数据进行监测，以保证数据的完整性，所有监测的数据和情况最终形成碳排放报告，为保证数据的公信力和透明性，企业的碳排放报告交由第三方机构核查后方可进行交易。因此，MRV 体系的构建，不仅对碳交易市场的建设和发展有着至关重要的支撑与推动作用，而且有利于碳排放数据统计系统的建设，为应对气候变化、低碳发展政策的制定提供必要的决策支持。

（二）国内外研究现状

1. 全球主要碳市场发展

作为一种典型的全球公共问题，全球气候变化问题经历了一个从科学到政治的政治化进程。气候变化问题不是简单的资金和技术问题，而是关系到全球未来走向的发展问题和政治问题。碳交易市场产生的背景和源头可以追溯到1992年的《联合国气候变化框架公约》和1997年的《京都协议书》。

联合国气候变化框架公约：为了应对全球气候变暖的威胁，1992年6月，150多个国家制定了《框架公约》，设定2050年全球温室气体排放减少50%的目标，1997年12月有关国家通过了《京都议定书》作为《框架公约》的补充条款，成为具体的实施纲领，其目标是"将大气中的温室气体含量稳定在一个适当的水平，进而防止剧烈的气候改变对人类造成伤害"。

京都议定书机制：1997年，《京都议定书》的达成将国际环境立法从以往着重法律基本原则和宣言性声明的"软法"向实体性、可操作性、与国内环境管理制度相匹配的实质国际环境法推进了一大步。

国际层面有众多碳交易体系，美国、欧盟、日本、澳大利亚、韩国等国都相继建立了自己的碳交易体系，其中，欧盟碳排放权交易体系（EU ETS）拥有比较成熟 MRV 体系和监管制度，包括碳排放的许可、监测和报告，排放的核查以及相应的惩罚措施（见表4-2）。

表4-2　　　　　　　　　　主要国家的自主贡献预案情况

国家或地区	国家自主贡献预案
美国	到2030年将美国的温室气体排放量相对于2005年的水平减少50%~52%，并在2050年之前实现净零排放
欧盟	欧盟已提出将在2030年将欧盟温室气体排放量降低到1990年水平的55%，到2050年实现碳中和
中国	到2030年，非化石能源消费比重达到25%左右，单位国内生产总值二氧化碳排放比2005年下降65%以上，顺利实现2030年前碳达峰目标，努力争取2060年前实现碳中和

国家或地区	国家自主贡献预案
日本	力争 2030 年度温室气体排放量比 2013 年度减少 46%，并将朝着减少 50% 的目标努力
澳大利亚	到 2030 年前，将温室气体排放量从 2005 年的水平减少 43%
韩国	到 2030 年前将温室气体排放量较 2018 年缩减 40% 的碳中和中期目标

2. 国内碳市场发展

我国的碳排放总量和增量在世界上都是排名第一。我国的环境污染和能源消耗问题依然存在，并在未来较长的一段时间内难以解决。对此，我国政府积极建设碳交易市场，希望有效缓解中国碳排放较高的问题。具体而言，我国碳交易市场总体可分成碳市场试点建设阶段以及全国统一碳市场建设阶段。

2011 年 11 月，中国发布《关于开展碳排放权交易试点工作的通知》，拉开碳市场建设帷幕。目前，中国的 7 个碳交易试点省市已全部正式启动碳排放权交易，并对外公布碳交易试点方案和 MRV 体系文件，其中大部分都参考了欧盟 MRV 的体系文件（见表 4 – 3）。

表 4 – 3 　　　　　　　　　国内碳交易试点省市信息汇总

试点省市	纳入单位标准	纳入单位数量	启动时间	MRV 体系文件范围
深圳	工业：年排放 5000 吨以上；公共建筑：2 万平方米以上；机关建筑：1 万平方米以上	工业：635 家；建筑：197 家	2013 年6 月 18 日	
上海	工业：年排放 2 万吨二氧化碳当量以上；非工业：年排放 1 万吨二氧化碳当量以上以上	191 家	2013 年11 月 26 日	9 个行业指南：包括电力、饭店、纺织、非金属矿物制品、钢铁、航空运输、化工、有色金属、运输站点等；1 个通用指南

续表

试点省市	纳入单位标准	纳入单位数量	启动时间	MRV 体系文件范围
北京	年排放 1 万吨二氧化碳当量以上	490 家	2013 年 11 月 28 日	4 个行业指南：包括热力、火力发电、水泥制造、石化等；1 个其他工业企业通用指南
广东	年排放 2 万吨二氧化碳当量以上	242 家	2013 年 12 月 19 日	4 个行业指南：包括火力发电、水泥企业、钢铁企业、石化等；1 个其他工业企业通用指南
天津	年排放 2 万吨二氧化碳当量以上	114 家	2013 年 12 月 26 日	4 个行业指南：包括电力热力、钢铁、炼油和乙烯、化工等；1 个通用指南
湖北	年综合能耗 6 万吨标煤以上	138 家	2014 年 4 月 2 日	11 个行业指南：包括电力、玻璃、电解铝、电石、造纸、汽车、钢铁、铁合金、合成氨、水泥、石油加工等；1 个通用指南
重庆	年排放 2 万吨二氧化碳当量以上	254 家	2014 年 6 月 19 日	工业企业碳排放核算和报告指南

资料来源：根据各试点碳市场启动时的数据整理。

二、支持湖北碳市场 MRV 体系建设

（一）体系建设工作开展情况

2011 年，为保证湖北省碳排放权交易的顺利启动，作为湖北省碳排放权交易研究工作的主要支撑单位，CQC 武汉分中心承担湖北省工业企业温室气体排放量化、报告和核查（MRV）体系文件研究和编制工作。

1. 研究国外 MRV 体系

在 MRV 体系的研究过程中，通过查阅大量的国内外资料，对欧盟、日本、美国加州和澳大利亚等国家和地区的碳交易体系进行了详细的比较，重

点对欧盟和日本的碳交易体系进行了研究。围绕不同企业排放量的计算方法和数据监测方式与国内外专家、企业代表及行业协会等进行多次探讨和交流，了解国内外 MRV 体系的优良做法，为各行业的碳排放量监测、量化、核查指南的编制工作提供了可参考的依据。

2. 走访、调研试点企业

根据试点企业的名单，对参与交易的企业进行了分类，对照分类的企业选取了典型行业，编写 MRV 体系的初稿，再通过对水泥、化工、钢铁等重点排放行业调研走访，进一步了解企业工艺流程、组织和运行边界情况，完善排放源的识别方法，避免排放量重复计算和漏算，对 MRV 体系文件进行了进一步的修改和完善。随后，选取近 20 家试点企业试用和核算，依据企业对 MRV 体系的反馈意见，更新和修订 MRV 体系文件，对不适宜的地方进行了增减，使 MRV 体系文件更加合理，增强文件的适用性，并提高了第三方机构核查工作效率。

3. 组织对试点企业的盘查

2013 年，CQC 武汉分中心作为技术牵头单位，联合湖北省碳排放权交易的其他研究机构，依据编制的 MRV 体系文件，完成了 138 家试点企业的初始碳盘查工作，通过现场访问的方式，完成企业历史年度的碳排放数据核算和企业组织边界、运行边界确认，收集企业配额分配和温室气体量化指南相关意见和建议，最终形成企业碳盘查报告及工作总结报告。本次碳盘查工作协助湖北省发改委对控排企业名单进行了修正，并为企业碳排放配额的分配及后续碳交易工作的顺利进行提供了客观、翔实、准确的数据支撑。同时也对编写的 MRV 体系文件进行了有效的"检验"，最终得到了企业和专家的认可。

4. 加强宣传培训，注重人才储备，湖北碳市场 MRV 能力建设

CQC 参加或组织多次国际、国内专家技术交流会，提高自身核查能力建设，做好人才储备。同时，还开展针对企业的不同方式的动员、宣传和培训活动，帮助企业了解国家和湖北省相关减排政策、目标和行动计划，掌握 MRV 体系文件具体要求和碳排放权交易核查工作程序，实现企业碳排放量监测、量化及报告的规范化和标准化，建立温室气体排放和企业能源使用管

理、监测、统计和考核体系，培养高素质碳排放权交易管理人员。

2013年5月，由湖北省发改委主办，CQC武汉分中心组织承办的湖北省首期碳交易碳核查员培训班在武汉成功召开，全省135名技术专家参加培训。

2013年6月，CQC武汉分中心分两期组织宣贯了湖北省碳排放权交易监测、报告和核证（MRV）体系等文件，对纳入湖北省碳排放权交易企业开展初始盘查工作培训，湖北省发改委气候处领导、各地市发改委领导、武汉分中心领导及纳入湖北省碳交易的企业代表近400人参加了会议。两次培训，为湖北碳市场人员能力建设工作打下了基础，标志着湖北省碳交易试点初始盘查工作全面启动。

2014年3月，由湖北省发改委组织，CQC武汉分中心承办的"湖北省碳排放权配额分配工作暨交易系统操作培训会"在武汉召开，旨在进一步提升试点交易企业人员能力，在交易工作正式启动前，做好相关企业配额分配和有关操作系统的培训工作，引导企业做好正式交易的各项准备，全省首批参加试点的企业共计450名代表参加会议。

2014年我国碳交易市场进入了飞速发展快车道，2014年4月2日，湖北省碳排放权配额交易试点鸣钟上线，据统计湖北碳交易首日交易量近100万吨，交易额突破1700万元，一跃成为全国交易量最大的试点区域。① 前期的各项能力建设工作也为试点碳市场的顺利运行提供了良好的基础和有力支撑。

（二）MRV体系框架及主要成果

为建立规范、公平、公开的碳排放权交易监测、报告和核查体系，CQC武汉分中心借鉴国外碳交易体系设计理念，结合国内相关政策要求和湖北省试点企业现状，研究核查相关标准，制定核查机构备案和管理制度，建立企业内审培训机制，设计核查工作流程，通过近两年时间的努力，最终完成湖北省MRV体系建设，MRV体系文件结构如图4-1所示。

---

① 根据湖北碳排放权交易中心内部数据整理。

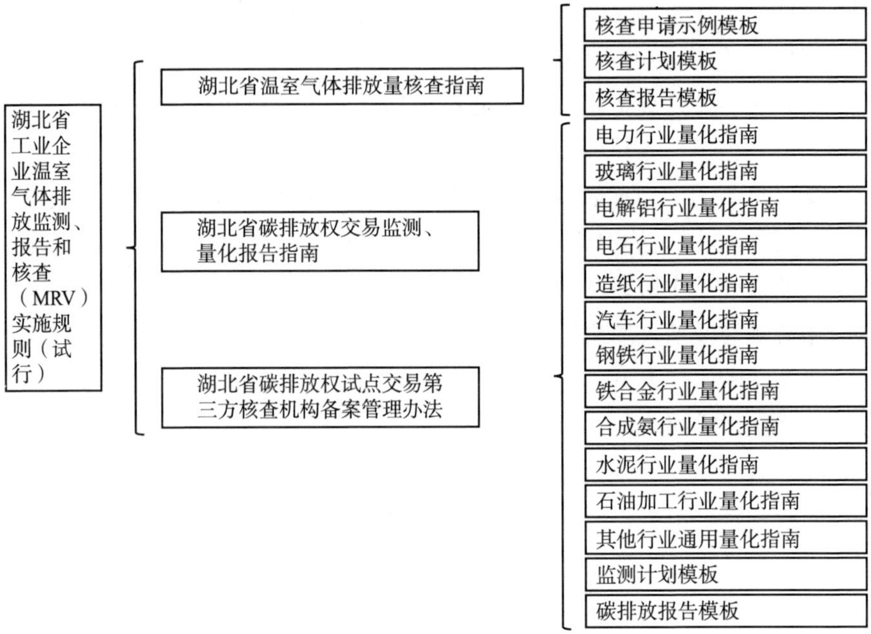

```
                                              ┌─ 核查申请示例模板
                                              ├─ 核查计划模板
                        ┌─ 湖北省温室气体排放量核查指南 ─┤
                        │                     └─ 核查报告模板
                        │                     ┌─ 电力行业量化指南
  湖北省                 │                     ├─ 玻璃行业量化指南
  工业企                 │                     ├─ 电解铝行业量化指南
  业温室                 │                     ├─ 电石行业量化指南
  气体排                 │                     ├─ 造纸行业量化指南
  放监测、 ──────────────┤  湖北省碳排放权交易监测、   ├─ 汽车行业量化指南
  报告和                 ├─ 量化报告指南 ──────────────┤ 钢铁行业量化指南
  核查                   │                     ├─ 铁合金行业量化指南
  (MRV)                 │                     ├─ 合成氨行业量化指南
  实施规                 │                     ├─ 水泥行业量化指南
  则（试                 │                     ├─ 石油加工行业量化指南
  行）                   │                     ├─ 其他行业通用量化指南
                        │                     ├─ 监测计划模板
                        └─ 湖北省碳排放权试点交易第    └─ 碳排放报告模板
                           三方核查机构备案管理办法
```

图 4-1　MRV 体系文件结构图

　　湖北省 MRV 体系文件主要分两级，其中：

　　一级文件为《湖北省工业企业温室气体排放监测、报告和核查（MRV）实施规则（试行）》，规定碳排放权交易中监测、量化、核查、报告、核查机构、核查人员、排放量登记、信息保密和收费的总体要求。

　　二级文件有 3 个。一是《湖北省温室气体排放量核查指南》，主要内容为规定第三方机构实施核查的流程和步骤，提供核查申请示例、核查计划模板和核查报告模板；二是《湖北省碳排放权交易监测、量化和报告指南》，主要内容为规定企业实施监测、量化和报告的要求、流程，提供监测计划模板、碳排放报告模板，确定 11 个典型行业/产品的计算指南和 1 个其他行业通用计算指南；三是《湖北省碳排放权试点交易第三方核查机构备案管理办法》，主要内容为规定第三方核查机构的备案条件、备案程序和备案后的监督管理等要求。

三、湖北 MRV 体系主要特点

作为唯一仅将工业生产企业纳入碳排放权交易的中部试点省份，湖北省确定将年综合能耗 6 万吨标准煤以上的工业企业纳入交易，为中国 7 个试点省市中碳排放权交易纳入门槛最高的试点省份。尽管湖北省碳排放权交易试点企业纳入数量不多，仅为区域内 138 家大中型工业企业，但其排放量占全省总排放量 35% 以上，部分大型重工业企业碳排放占比巨大。因此，编制合理适用的 MRV 体系文件，对完整识别排放源、准确计算碳排放量、公平合理分配配额等工作具有重要意义，同时，解决工业企业在碳排放权交易过程面临的困难和问题，也可为其他试点省市工业领域碳排放权交易提供一定的参考价值。

《湖北省温室气体排放监测、量化和报告指南》《湖北省温室气体排放核查指南》为湖北省 MRV 体系系列文件中的核心文件，其编制思想基于湖北省碳交易试点阶段 MRV 工作指导思想、基本原则、工作目标、工作任务、实现路径及工作重点等，编写过程中充分考虑湖北自然条件、经济基础、资源和产业结构、各行业主要生产工艺等问题，并广泛征求各行业重点排放企业的反馈意见，在方法学、排放因子选取与验证等方面具有鲜明的地方特色和较强的操作性。

总体而言，湖北省 MRV 体系文件具有以下四大特点：

（一）指南数量多，可操作性强，符合"三可"要求

为了更好地指导碳排放权交易企业准确地计算自身的排放量，CQC 武汉分中心对纳入湖北省碳排放权交易的企业类型进行深入分析，识别和分类各行业排放源，最终确定编制钢铁、水泥、化工等 11 个重点行业/产品的温室气体量化指南，其他工业企业参照通用量化指南。量化指南编制过程中，严格遵循"可监测、可报告、可核查"基本原则（以下简称"三可"原则），多次赴各行业典型企业进行现场调研，了解行业能源使用类型、生产工艺、主要排放设施等信息，根据现场反馈对行业量化指南进行修正和完善。量化指南文件编制完成后，选择行业重点企业进行试用和试算，确保指

南计算方法准确，符合"三可"原则，具有可操作性。

（二）排放源分类合理

为进一步明确组织边界内碳排放量的分类和计算，MRV 体系文件中将排放源分为三类：能源直接排放、工艺过程排放和能源间接排放。其中能源直接排放包括固定设施化石燃料燃烧产生排放和服务于生产的移动源产生的排放，现阶段未考虑灭火器等的逸散排放、非生产用移动源排放和外购蒸汽产生的排放。各行业量化指南中提供主要排放源表供企业参考，企业可根据自身实际生产工艺和使用的设施进行补充和修改。对于钢铁等个别行业，存在同种物料既可做燃料使用，又可做原材料使用的特殊情况。考虑到大部分企业未安装计量设备对该类物料在不同用途的使用量进行单独计量，很难区分能源排放和工艺过程排放，对于此类行业则仅将排放源分为直接温室气体排放和间接温室气体排放两大类。

（三）计算与监测方法科学，参数来源有保证

湖北省 MRV 体系文件中提供多种计算方法学，如固定设施化石能源燃烧排放量和部分行业工艺生产过程排放量可采用物料平衡法或排放因子法、水泥行业生产过程排放量可选用基于熟料产量或基于生料使用量等方法进行计算等，企业根据自身活动水平数据、热值、含碳量等参数的测量和记录状况合理选择计算和监测方法，确保用于计算的各项参数来源准确可追溯，符合"三可"原则。这样既可提高数据监测和计算效率，又可避免企业为满足单一监测要求对监测设备进行改造或更新而面临的巨大成本压力。

（四）活动水平数据选取规定明确，数据品质有保证

以《温室气体（GHG）排放量化、核查、报告和改进的实施指南》（DB42/T 727–2011）为依据，湖北省 MRV 体系文件中规定企业需对活动水平数据进行品质评估，必要时要进行不确定度的分析，确保数据的准确可靠。

四、碳盘查工作开展情况

2013 年 6 月，受湖北省发展改革委的委托，CQC 武汉分中心联合武汉大学、华中科技大学、湖北经济学院等碳交易课题组成员，共同组成湖北省碳排放权交易企业初始碳盘查组，展开对省内 138 家企业的碳排放盘查工作。

一方面，通过现场访谈和文件评审等方式对企业的活动水平数据、排放因子等进行了全面核查和核算，统计纳入交易企业的历史碳排放数据。另一方面，通过全面盘查，各课题组现场解答碳交易相关疑难问题，收集企业反馈意见，进一步完善各课题组研究成果。盘查工作重点围绕以下四个方面开展。

（一）确定组织边界，保证核查范围的一致性

除核查计划、盘查报告等常规碳盘查程序文件外，CQC 武汉分中心编制完成了《湖北省碳排放权交易企业碳排放盘查边界描述表》（以下简称《边界描述表》），《边界描述表》中包含企业名称、地址、纳入碳交易的性质（强制或自愿）、本企业组织边界内包含的其他企业的从属关系、运行边界、组织边界内的排放源及源流信息、计量设备名称、安装地点及校准频率等信息、企业真实性声明等内容。核查员对企业填写和提交的《边界描述表》中各项信息进行复核，确认无误后，完成《边界描述表》中确定的组织边界范围内各项活动水平数据的收集和排放量计算。《边界描述表》将作为重要资料进行保存，供核查员在下一次核查时进行比对，确保核查范围的一致性和数据的完整性。

（二）查验计量设备配备、使用、校准情况

盘查组针对每个排放源，对其相关活动水平数据的计量设备进行现场查验。查看企业的监测设备配备是否齐全，校准、检定是否符合国家相关标准的要求，并复制保存检定证书，进一步确保数据获取方式准确可靠。对比部分计量器具配备不完整，或未按时进行校准的情况，核查员在企业盘查报告

中进行说明，并给出必要的建议。

（三）对活动水平数据进行交叉验证

活动水平数据质量好坏是决定碳排放量结果准确性的最重要的因素。本次盘查以企业原始生产报表记录作为活动水平数据的来源依据，用燃料、原料的采购发票、原料明细账、领料单等凭证进行交叉验证，并通过产量数据对各年度的燃料、原料消耗量进行佐证，确保活动水平数据的真实有效，保证碳排放量计算的准确性。湖北省 MRV 体系文件鼓励企业优先采用实测热值、含碳量等参数，以便减少默认因子带来的不确定性，反映企业的真实排放水平，体现企业间因生产管理或原材料采购控制等方面的优劣性和差异性。

（四）进行报告内部技术评审

为了进一步确保数据的准确无误，对报告和计算表进行汇总分析，并对数据进行重复核算和内部技术评审。综上所述，CQC 武汉分中心在建设湖北省 MRV 体系的过程中，坚持科学规划，做好方案计划，注重国际国内对比研究；重视调查研究，通过实践摸索，完善研究成果，使 MRV 体系更具有可操作性；在试点推广阶段夯实基础，从宣传、培训着手，稳步推进；善于总结，不断完善，形成规范性文件、指南和表格，设计统计、报告、管理系统，为体系运行打下基础，为下一步全面推行提供了可复制、可操作的模式。

五、持续支持湖北碳市场健康有序运行

自 2015 年入选首批经湖北省省级主管机构批准的核查机构，CQC 武汉分中心一直作为受地方政府信任和委托的核查机构，支持湖北碳市场碳排放数据核查工作，在多年的服务工作中，CQC 武汉分中心一直秉承专业、客观、公正的工作态度为地方碳市场输出高质量的核查报告数据。

同时，分中心也运用多年来深耕和服务地方低碳事业的相关积累和经验，持续服务地方碳核查工作，提供碳市场数据核查、数据质量提升等相关

技术支撑工作，协助拟稿了《核查相关问题及处理方式》初稿等文件，致力于结合湖北省企业情况，统一相关问题处理方法，明确相关核查重点等，形成合理、统一、可行的核查工作方法，支持地方碳核查工作顺利开展，支持地方碳市场有序推进，引导企业不断提高碳排放管理水平，实现健康良性发展。

结合多年来在碳核查工作过程中遇到的情况和问题，CQC武汉分中心协助拟稿了《核查相关问题及处理方式》初稿等文件，整理了核查过程中积累的一些经验和做法。

（一）关注核查边界的确认

在核查时需首先确认排放单位核查边界，关注可能导致核查边界年度间变化的相关情况：如组织机构情况变更，外包和（或）租赁，新增或减少生产线/生产设施，变更生产工艺、能源品种或原材料投入物等。

对于涉及多个排放主体的还需特别注意区分和梳理不同主体的排放数据，并与后续履约交易工作的相关需求进行对接。

（二）关注排放单位生产经营活动的具体变化情况确认

基于履约边界与核查边界一致性的原则，需关注对排放单位生产经营活动的具体变化情况的确认，如涉及新增生产设施的情况，需明确新增设施清单，确认新增设施起止日期，确认报告期内新增设施对应的产品产量、能源种类及消耗量、碳排放总量等。

涉及关闭生产设施、生产设施停产的情况，需注意对正常检修停产、生产经营性停产等情况的整理和区分，注意对部分停产和全厂停产的区分，确认设施关闭或停产的起止日期，评估停产导致的产品产量、能源种类及消耗量、碳排放总量等变化情况。

涉及租赁外部生产设施的情况，应确认起止日期，确认对应时间内该设施的产品产量、能源种类及消耗量、碳排放总量等。

（三）关注数据质量保障及多维度验证

对于排放单位数据质量及准确度的确认是核查工作中关注的核心内容之

一，除认真理解和执行国家和地方最新的政策文件、方法学文件、专家回复要求等最新要求外，对于数据基础较差的情形，除采用保守性原则外，需尽可能地获取更多的内外部佐证材料，以期尽可能地保障和验证数据的真实性和准确性，验证相关数据是否存在异常，是否处于合理的水平等。

（四）关注方法统一、尺度统一

对于政策文件和方法学等问题中未涉及的特殊问题，需形成统一的处理方案，统一不同核查人员、不同核查机构间的处理尺度，保证数据产出公平。

涉及历史年度数据的，还需考虑履约边界与核查边界一致性的原则，保障年度交易公平。

（五）关注国家、地方两级碳市场的不同要求及对接

2021 年度国家碳市场正式启动，碳交易试点省市存在国家碳市场和地方碳市场并行的情况，因此需关注国家、地方两级碳市场的不同要求及部分企业从地方碳市场进入国家碳市场时的对接问题，如排放主体有部分进入国家碳市场，剩余部分在地方碳市场等情况的对接和处理，需考虑各环节的对接需求，保障不遗漏、不重复，支撑两级市场顺利完成各项相关工作。

第五章

展　望　篇

第一节 欧盟碳关税体系及应对策略

一、碳关税由来

（一）CBAM 法案立法历程

"碳关税"的概念最早由法国前总统希拉克在 2007 年提出，旨在向没有签署《京都议定书》（Kyoto Protocol）的国家出口至欧盟的商品征收额外的边境调节税（BTAs）。

2020 年 3 月，欧盟委员会（European Commission）完成了欧盟碳边境调节机制（CBAM）草案，并开始向欧盟境内外的国家、企业和非政府组织征求意见，结果普遍认同 CBAM 可以有效治理碳泄漏问题。意见征集后，欧盟委员会就六种 CBAM 实施方案进行了影响评估（Impact Assessment），包括：①进口碳税（Import Carbon Tax）；②基于欧盟默认排放基准值的 EU-ETS 复刻方案；③基于出口国实际排放量的 EU-ETS 复刻方案；④在模式③基础上，按欧盟免费配额比例豁免部分税额；⑤在模式③基础上，扩展至征税货物的成本和半成本；⑥欧盟境内外消费税方案（Excise duty）。①

2021 年 7 月 14 日，欧盟委员会基于方案④提出了 CBAM 的立法草案，并将其纳入名为 "Fit for 55 Package" 的一揽子气候方案中，走出了立法程序的第一步。② 之后，欧盟理事会（Council of the European Union）开始对欧盟委员会（European Commission）提交的 CBAM 草案进行审议和修改，并于 2022 年 3 月 15 日达成一致，计划在对 CBAM 草案的经济效率（Economic Efficiency）、环境完整性（Environmental Integrity）、WTO 兼容性（WTO Compatibility）等指标进行考察后，提交欧洲议会（European Parliament）立法。CBAM 草案经欧盟议会环境委员会（ENVI Committee）多次修改后，CBAM 草案的修正案最终于 2023 年 4 月 25 日通过欧洲议会表决，将于 2023 年 10 月 1 日起执行过渡方案，要求相关进出口企业报送产品的碳数据（见图 5 - 1）。

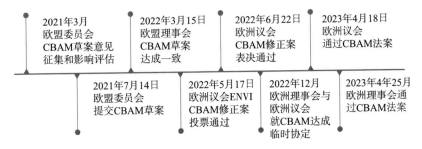

图 5 - 1　欧盟 CBAM 草案及修正案立法时间线

根据 2023 年 5 月 16 日欧盟公报发布欧盟碳关税法案文本 CBAM 的主要内容包括：

（1）时间安排：过渡期将于 2023 年 10 月 1 日起执行过渡方案，要求向欧盟出口的企业报送产品的碳数据；并将于 2026 年 1 月 1 日正式执行，要求企业向欧盟支付碳关税。

---

① Proposal for a Regulation of the European Parliament and of the Council Establishing a Carbon Border Adjustment Mechanism. European Commission，2021.

② Revising the Energy Efficiency Directive：Fit for 55 package. European Parliament，2021.

（2）产品范围：纳入欧盟碳关税政策覆盖的产品包括水泥、电力、化肥、钢铁、铝、化学品6大类，覆盖温室气体包括二氧化碳、氧化亚氮、全氟化碳等类型。

（3）排放范围：直接排放为主，部分产品类别会计入间接排放。①

（二）CBAM 与欧盟碳市场（EU–ETS）

在 2023 年 4 月 25 日欧洲议会的全体表决中，EU–ETS 改革方案也获得了通过。EU–ETS 虽然对欧盟温室气体减排起到了积极的促进作用，但是目前免费分配的碳配额占比仍然较高。为实现欧盟的 2030 年减排目标，需要提高碳价格，进而激发企业采取温室气体减排措施的动力，而削减免费配额的比例，就是最有效的手段之一。根据 EU–ETS 改革方案，将对钢铁、铝、电力、水泥、化肥等碳密集行业免费配额采取渐进式的方案进行削减：2026 年削减至 97.5%，2027 年削减至 95%，2028 年削减至 90%，2029 年削减至 77.5%，2030 年削减至 51.5%，2031 年削减至 39%，2032 年削减至 14%，最终在 2033 年取消免费分配制度。免费配额的减少将拉动 EU–ETS 碳价格的上升，进而导致欧盟境内企业碳成本的上升②。

欧盟碳价格的迅速上升将迫使其境内企业做出如下选择：①将产业转移至碳价格较低的国家或区域；②加大节能减碳投资，降低履约成本。欧盟为了防治产业转移引起的产业空心化、碳泄漏等问题，计划与欧盟碳市场改革同步、同范围实施 CBAM，即通过对进口产品征收额外的"碳关税"，均衡欧盟境内外产品的碳成本，引导欧盟境内企业加大节能减碳投资（见图 5–2）。

目前，欧洲议会正在就包括 CBAM 和欧盟碳市场改革方案在内的"Fit for 55 Package"的一揽子气候方案与各欧盟成员国进行谈判，直至完成各法案的最终施行。

---

① 欧洲议会官网，https：//www. europarl. europa. eu/news/en/press – room/20220603 IPR32157/cbam – parliament – pushes – for – higher – ambition – in – new – carbon – leakage – instrument。
② 根据欧盟碳市场相关数据整理。

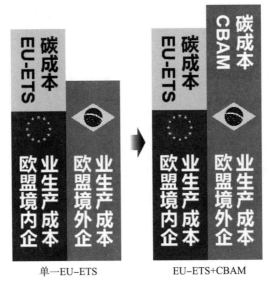

单一 EU-ETS   EU-ETS+CBAM

图 5-2　CBAM 对欧盟境内外企业碳成本影响示意图

二、CBAM 过渡期要求与解读

（一）CBAM 过渡期要求

在上一部分中提到，欧洲议会已通过了碳边境调节机制（CBAM）法案。根据该法案，欧盟将在 2023 年 10 月 1 日~2025 年 12 月 31 日执行过渡期政策，要求 CBAM 法案覆盖行业的进出口企业报送产品的碳排放量，包括直接排放（Direct Emissions）和间接排放（Indirect Emissions）；以及产品进入欧盟境内之前支付的碳成本。CBAM 法案覆盖行业包括：水泥、电力、化肥、钢铁、铝、化学品。

授权申报人（Authorised Declarants）是碳排放数据报送的核心，其可以由进出口企业或多个进出口企业的代表向 CBAM 主管机构（CBAM Authority）申请。授权申报人必须位于欧盟境内，需要提交的申请信息包括：

（1）名称，地址，联系方式；

（2）根据欧盟法规 952/2013 号条例第 9 条之规定，经济经营者的登记和识别号（EORI）；

（3）在欧盟境内进行的主要经济活动；

（4）由申报人所在欧盟成员国税务部门出具证明，证明申报人不受该欧盟成员国的国家税务未清偿追讨令约束；

（5）申报人或申报人的董事会成员（如适用）的信用声明，声明其在申请年度的前五年内没有任何严重违反或重复违反海关法例、税务规则及市场滥用规则的行为，包括没有与申报人经济活动有关的刑事犯罪记录；

（6）证明申报人的财务和业务能力足以履行其在本条例下的义务所必需的资料，以及（如 CBAM 当局根据风险评估作出决定）证实该资料的证明文件，例如这些账户三个完整会计年度的利润表和资产负债表；

（7）在提交申请的当年以及下一年，按照货物类型预估向联盟关税区进口货物的价值和数量；

（8）申报人所代表的人士的姓名及联系方式（如适用）。

授权申报人须将根据 CBAM 法案提供或推荐的碳排放核算方法核算的碳排放报告提交认可审核人（Accredited Verifier）核准后，方可向欧盟提交申报。

此外，CBAM 法案还规定了报送虚假数据的处罚措施：若企业报送虚假的碳排放数据，或涉及任何规避 CBAM 的做法，其授权申报人资格将被取消；若情节严重，其欧盟市场的进出口许可也将被吊销，直至其公布真实且可核验的温室气体排放数据。

（二）CBAM 过渡期政策解读

根据 CBAM 法案要求，在过渡期结束前，欧盟委员会须向欧洲议会和欧盟理事会提交报告，汇报 CBAM 法案的实施情况，并提出为实现欧盟 2050 年气候中和目标而所需要采取的进一步措施。可以预见的是，该报告将提出 CBAM 实施期的执行方案，例如，是否需要纳入新的行业或产品；是否需要扩展现有纳入商品间接排放的核算范围；纳入或新纳入商品碳排放默认值的设定方案等。

因此，过渡期间数据报送工作应引起欧盟贸易伙伴国家或地区，以及进出口企业的高度重视，主要原因在于：

（1）过渡期间报送的碳排放数据将可能成为 CBAM 碳排放默认值设计的重要参考。而碳排放默认值是决定进出口企业向欧盟支付碳成本的关键指标。根据 CBAM 法案，当企业（电力除外）无法充分证明其产品的实际排放值（Actual Emissions），则须采用默认值（Default Value），该值采用企业所在国同类型商品碳强度表现最差前5%的平均值；当企业所在国数据不可用时，默认值采用欧盟同类型商品碳强度表现最差前5%的平均值。CBAM 法案还规定，默认值在任何情况下都不得低于产品可能的实际排放值，以约束企业通过不提供数据而可能获利的情况。

（2）如果纳入新的行业或产品，将有更多企业需要向欧盟支付碳成本，并拉动欧盟贸易伙伴国家或地区整体向欧盟支付的碳成本。

（3）如果扩展现有纳入商品间接排放的核算范围，将直接导致产品的碳排放量上升，进而导致进出口企业及其所在国向欧盟支付的碳成本上升。

综上所述，欧盟设置 CBAM 过渡期是为了收集进口商品的碳排放数据，以设计 CBAM 实施期的政策，协同 CBAM 实施与 EU‒ETS 改革，实现保护欧盟本土企业并治理碳泄漏问题的目的。相关进出口企业及欧盟贸易伙伴国家或地区应高度重视碳排放数据报送工作，以避免进入实施期后付出高昂的碳成本。

三、CBAM 的计算规则

（一）碳排放量计算规则

CBAM 法案提供了商品碳排放量和进出口企业碳成本的计算方法。CBAM 法案将各类商品划分为"简单商品"和"复杂商品"两类，并分别提供了两类商品的实际碳排放量（Actual Embedded Emissions）的计算方法。

简单商品是指生产过程中消耗的材料和燃料蕴含的碳排放量为零的商品。在计算简单商品的实际碳排放量时，须同时考虑直接排放（Direct Emissions）和间接排放（Indirect Emissions），可以采用式（5.1）计算：

$$SEE_g = \frac{Attr_g}{AL_g} \qquad (5.1)$$

其中，SEE_g 代表商品 g 的碳排放量；$Attr_g$ 代表商品 g 的归因碳排放量，指在一定的系统边界（System Boundary）约束下，相应企业在报告期间内，为生产商品而产生的碳排放量；AL_g 代表商品 g 的活动水平，指相应企业在报告期间内生产商品的数量。在一定的系统边界约束下，报告期间内商品的归因碳排放量可以采用式（5.2）计算：

$$Attr_g = DirEm + Em_{el} - Em_{el,exp} \qquad (5.2)$$

其中，$DirEm$ 代表生产过程中的直接排放；Em_{el} 代表生产过程中消耗电能的间接排放；$Em_{el,exp}$ 代表生产过程中输出电能所产生的碳排放量。

复杂商品指生产过程中需消耗简单商品的商品。在计算复杂商品的实际碳排放量时，须同时考虑商品生产过程中的直接排放和间接排放，以及为生产复杂商品而消耗的简单商品蕴含的碳排放量，可以采用式（5.3）计算：

$$SEE_g = \frac{Attr_g + EE_{InpMat}}{AL_g} \qquad (5.3)$$

其中，EE_{InpMat} 代表生产复杂商品过程中消耗的简单商品蕴含的碳排放量，其可以采用式（5.4）计算：

$$EE_{InpMat} = \sum_{i=1}^{n} M_i \cdot SEE_i \qquad (5.4)$$

其中，M_i 代表生产复杂商品消耗的简单商品 i 的数量；SEE_i 代表简单商品 i 蕴含的碳排放量。在对复杂商品的碳排放量进行计算时，是否需要考虑某一简单商品蕴含的碳排放量，取决于该简单商品是否包含在系统边界中。

应当说明的是，CBAM 法案目前并没提供明确的碳排放核算系统边界，但是授予了欧盟委员会决定系统边界的权利。

（二）碳成本计算规则

根据 CBAM 法案，欧盟将通过收缴 CBAM 证书（CBAM Certificates）的方式，要求进出口企业支付碳成本，其值可以采用式（5.5）计算：

$$Obl_{CBAM} = (SEE_g - SEE_{g,free}) \times Q_g \times P_{EU-ETS} \qquad (5.5)$$

其中，Obl_{CBAM} 代表进出口企业需要以 CBAM 证书形式支付的碳成本；$SEE_{g,free}$ 代表进口商品在欧盟可获得的免费配额量（Free Allocation）；Q_g 代表进口商品的数量；P_{EU-ETS} 代表欧盟碳价格，采用 EU – ETS 系统的周平均碳价；

若进口商品在其生产国已经支付了一定的碳成本，经欧盟审核认证后，这部分碳成本将予以豁免，最终进出口企业需要支付的碳成本可以采用式（5.6）计算：

$$Adj_{CBAM} = Obl_{CBAM} - Obl_{Paid} \tag{5.6}$$

其中，Adj_{CBAM} 代表进出口企业最终需要以 CBAM 证书形式支付的碳成本的修正值；Obl_{Paid} 代表进出口企业在商品的生产国已经支付的碳成本。

应当说明的是，CBAM 的免费配额量将逐年递减，直至最终取消，具体进度安排为：2025 年以前为 100%，2026 年为 97.5%，2027 年为 95%，2028 年为 90%，2029 年为 77.5%，2030 年为 51.5%，2031 年为 39%，2032 年为 14%，2033 年为 0。

（三）计算规则解读

根据欧盟公布的商品碳排放量和进出口企业碳成本的计算方法，除了已经在"CBAM 过渡期要求与解读"中重点讨论的实际排放量（SEE_g）外，企业在商品生产国已经支付的碳成本（Obl_{Paid}）也是决定进出口企业向欧盟支付的碳成本的另一个关键参数。

式（5.5）和式（5.6）表明，进出口企业的碳成本将以欧盟 EU – ETS 系统的碳价格为基准计算。对于进出口企业，这些碳成本向欧盟支付，还是在商品生产国支付，成本总量并无区别。但是，对于欧盟贸易伙伴所在的国家或地区，提高企业在本土支付的碳成本，并尽量降低向欧盟支付碳成本，显然有助于保护本土经济发展。因此，推动包括绿电、碳配额、核证自愿减排量、碳税在内的多类型碳成本的国际互认①，应成为欧盟贸易伙伴国家或地区应对 CBAM 政策的工作重点。

---

① 美国环保局网站，https：//www. epa. gov/green – power – markets/what – green – power。

四、欧盟主要贸易伙伴 CBAM 碳成本分析

（一）欧盟在 CBAM 法案覆盖行业的贸易结构

为评估 CBAM 法案对国际贸易的影响，统计了欧盟在 CBAM 法案覆盖行业的贸易结构，如图 5 – 3 所示。①

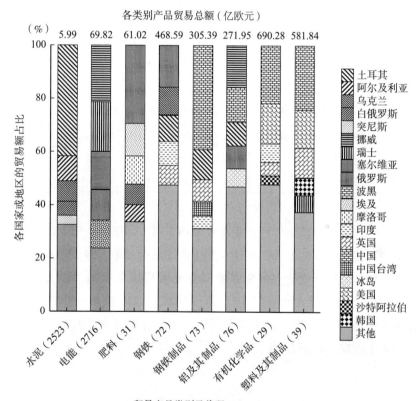

图 5 – 3　欧盟在 CBAM 法案覆盖行业的贸易结构

①　欧盟委员会网站，https：//trade. ec. europa. eu/access – to – markets/en/statistics。

图 5 -3 提供了欧盟在 CBAM 法案覆盖行业中排名前五的贸易伙伴国家或地区，主要包括：中国、美国、俄罗斯、土耳其、挪威等。可以看出，这些国家或地区的合计贸易额普遍占各行业欧盟对外贸易总额的 60% 以上，一旦 CBAM 法案实施，这些国家和地区将是主要影响对象。

为评估 CBAM 对国际贸易的影响，将以钢铁和钢铁制品行业为例，分析在 CBAM 法案下欧盟主要贸易伙伴，以及在 EU - ETS 改革方案下欧盟自身商品碳成本的变化。

(二) CBAM 和 EU - ETS 约束下碳成本变化

在第一章和第三章中，分别说明了 EU - ETS 改革方案和 CBAM 法案的免费配额缩减方案，如表 5 -1 所示。

表 5 -1　　　　　CBAM 和 EU - ETS 免费配额比例缩减对照表　　　单位：%

项目	2025 年	2026 年	2027 年	2028 年	2029 年	2030 年	2031 年	2032 年	2033 年
CBAM	100	97.5	95	90	77.5	51.5	39	26.5	14
EU - ETS	100	100	93	84	69	50	25	0	0

免费配额的缩减，将导致企业碳成本的上升。由于各个国家或地区钢铁生产工艺和技术水平的差异，在免费配额的缩减过程中，碳成本将呈现不同的变化趋势。为这一变化，收集了欧盟主要贸易伙伴中国、美国、土耳其（受 CBAM 管辖），以及欧盟 27 国总体（受 EU - ETS 管辖）钢铁生产的碳排放历史数据[1][2][3][4]，并采用回归分析法，预测各个国家或地区钢铁生产碳排放的未来表现，如图 5 -4 所示。

---

[1]　Steel Statistical Yearbook. World Steel Association Economics Committee，2020.

[2]　2022 World Steel in Figures. World Steel Association，2022.

[3]　中国碳核算数据库，https：//www. ceads. net. cn。

[4]　欧盟统计局，https：//ec. europa. eu/eurostat/databrowser/view/ENV_AIR_GGE＄DV_447/default/table？lang＝en。

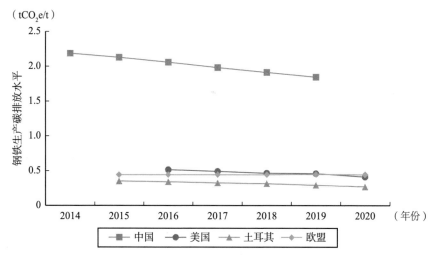

图5-4 中国、美国、土耳其、欧盟钢铁生产碳排放历史数据

根据表5-1的免费配额缩减比例、图5-4回归分析得出的各国家或地区的钢铁生产碳排放量预测值、欧盟 EU-ETS 系统碳价格预测（表5-2，Synapse Energy Economics 公司的预测值）[①]，2024~2032年，对中国、美国、土耳其、欧盟钢铁生产的碳成本变化进行了预测，结果如图5-5所示。

表5-2　　　　　　　　　　欧盟 EU-ETS 系统碳价格预测　　　　　　单位：欧元/t CO₂ e

项目	2024 年	2025 年	2026 年	2027 年	2028 年	2029 年	2030 年	2031 年	2032 年
碳价格	33.08	34.30	35.53	36.75	41.96	47.16	52.37	57.58	62.78

图5-5表明，在 EU-ETS 改革方案和 CBAM 法案管辖下，中国、美国、土耳其、欧盟钢铁生产的碳成本从2027年开始均呈现上升趋势。其中，中国碳成本最高，从2027年的14.21欧元/t上升到2032年的59.07欧元/t；欧盟由于2027年免费配额比例仍较高，碳成本较低，但是完全取消免费配额后（2032年），碳成本将上升至28.04欧元/t，仅次于中国；美国和土耳

① Luckow P., Stanton E. A., Fields S., Ong W., Biewald B., Jackson S., Fisher J., 2016. Spring 2016 National Carbon Dioxide Price Forecast.

169

其的碳成本均较低，并且在2030年达到峰值后（分别为9.38欧元/t和5.88欧元/t），呈缓慢下降趋势，至2032年分别降低至8.75欧元/t和5.42欧元/t。

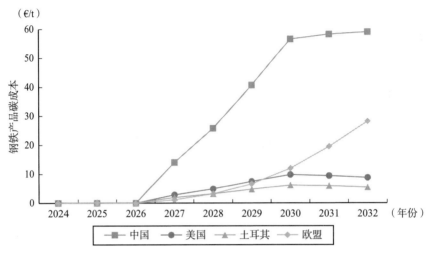

图5-5　中国、美国、土耳其、欧盟钢铁生产碳成本预测

（三）数据分析

根据对图5-4数据结果的分析，CBAM法案的实施将显著提高我国出口钢铁的总成本，并对我国钢铁出口造成重大挑战。

导致我国钢铁碳成本显著高于美国、土耳其、欧盟的主要原因在于我国钢铁生产的碳排放较高，而底层原因则是我国钢铁生产以长流程炼钢为主，而美国、土耳其、欧盟普遍以短流程炼钢为主。长流程炼钢是指以铁矿石和焦炭为原料，经高炉炼铁和转炉炼钢，最终产出粗钢。而短流程则以废钢为原料，经电弧炉冶炼生产粗钢。短流程炼钢的能源消耗仅为长流程炼钢的1/3左右，碳排放水平也远低于长流程炼钢。我国目前长流程炼钢的比例约为85%，短流程占比仅为15%左右。而美国短流程炼钢比例超过70%，土耳其更是达到80%以上。

从世界范围内看，在钢铁（72）和钢铁制品（73）行业欧盟的主要贸易伙伴国家或地区中，俄罗斯和乌克兰也以长流程炼钢为主，将与我国同样面临碳成本上升、盈利空间压缩、竞争力下降等严峻问题。

此外，除钢铁行业外，在 CBAM 法案约束下，我国其他行业也可能面临碳成本偏高问题。以铝及其制品（76）行业为例，据统计，我国原铝生产电力供给火电占比超过 85%，清洁能源占比较低。这导致我国电解铝的全生命周期碳排放高达 16.5t CO_2 e/t，其中电力排放为 10.7 t CO_2 e/t，占比高达 64.85%。而国外大型铝企，如，俄铝、力拓、海德鲁等，原铝生产电力结构中清洁能源占比普遍超过 70%，碳排放水平显著低于我国。

为应对 CBAM 法案给我国出口企业带来的碳成本上升压力，建议政府和企业从多维度推动节能减碳行动。

从政府角度，可以采用的宏观政策包括：

（1）加快钢铁、电解铝、水泥等高能耗、高排放行业纳入全国碳市场，充分运用市场手段，促进企业开展节能减碳行动；

（2）优化产能布局，推动光伏、风电、水电等可再生能源在出口企业的定向应用，完善认证流程，降低火电在出口企业能源供给的比例；

（3）加快落后产能淘汰速度，充分运用碳减排支持工具，促进产业向节能低碳方向转型升级。

从企业角度，可以采用的微观措施包括：

（1）"十三五""十四五"期间，国家发改委为各工业部门提供了大量节能减碳技术（见表 5 - 3）①，企业应充分评估节能减碳技术的节能潜力和减碳潜力，促进具备经济合理性的节能减碳技术应用尽用、尽早应用。

表 5 - 3　　　　　　国家发改委推荐的节能减碳技术（节选）

序号	技术名称	适用范围
1	准稳定直流除尘器供电电源节能技术	电力、钢铁、石油石化、化工及建材
2	球磨机高效球磨综合节能技术	电力、钢铁、有色金属、石油石化等行业
3	钢铁行业烧结余热发电技术	钢铁
4	矿热炉烟气余热利用技术	钢铁行业、铁合金及化工行业
5	加热炉黑体强化辐射节能技术	钢铁行业各种加热炉

① 国家发改委：国家重点节能低碳技术推广目录（2017 年本节能部分），2017 年。

序号	技术名称	适用范围
6	旋切式高风温顶燃热风炉节能技术	钢铁行业大型高炉的热风炉改造
7	大型焦炉用新型高导热高致密硅砖节能技术	钢铁行业焦炉生产
8	氧气侧吹熔池熔炼技术	有色金属冶炼行业
9	铝酸钠溶液微扰动平推流晶种分解节能技术	有色金属行业氧化铝冶炼
10	低温低电压铝电解新技术	有色金属行业电解铝生产企业
11	粗铜自氧化还原精炼技术	有色金属行业粗铜精炼
12	复式反应新型原镁冶炼技术	有色金属行业镁冶炼
13	高电流密度锌电解节能技术	有色金属行业锌湿法冶金
14	新型高效膜极距离子膜电解技术	化工行业食盐水电解、氯化钾电解
15	煤气化多联产燃气轮机发电技术	化工行业煤化工领域
16	新型吸收式热变换器技术	石化行业
17	层烧蓄热式机械化石灰立窑煅烧节能技术	建材行业石灰生产
18	新型水泥预粉系统磨节能技术	建材行业水泥生产线
19	浮法玻璃炉窑全氧助燃装备技术	建材行业浮法玻璃生产线
20	液相增粘熔体直纺涤纶工业丝技术	纺织行业涤纶工业丝生产企业

（2）碳成本上升将使部分在经济上不合理的技术或生产工艺变得合理，例如，制约我国短流程炼钢大量应用的关键原因之一即为其生产成本高于长流程炼钢；但是，在考虑碳成本后，短流程炼钢的综合成本可能低于长流程炼钢。因此，企业应提高碳领域应对能力，快速响应市场变化。

五、美国《清洁竞争议案》解析

（一）《清洁竞争议案》

几乎与欧盟的 CBAM 法案同步，美国四位民主党参议员谢尔顿·怀特豪斯（Sheldon Whitehouse）、克里斯·库恩斯（Chris Coons）、布莱恩·夏兹（Brian Schatz）和马丁·海因里希（Martin Heinrich）向美国参议院金融委员会（Committee on Finance）提交了《清洁竞争议案》（*Clean Competition Act*）。[①] 该议案普遍被认为是美国版的 CBAM 法案，但是二者在纳入行业、管辖对象、计算方法等方面均有显著差异。

在第二节中，已经提到欧盟 CBAM 纳入行业主要包括钢铁、铝、电力、水泥、化肥、塑料、有机化学品、氢和氨。

美国《清洁竞争议案》涉及行业更多，包括能源开采与冶炼、造纸、钢铁、铝等，具体行业及其代码如表 5-4 所示。

表 5-4　　　　　　美国《清洁竞争议案》纳入行业及代码

NAICS/SI 代码	行业
211120	原油开采
211130	天然气开采
212112	煤炭地下开采
322110	纸浆生产
322121	造纸（除新闻用纸）
322122	新闻用纸生产
322130	纸板生产
324110	石油冶炼
324121	铺路沥青混合料和砌块制造
324122	沥青瓦和涂料制造
324199	所有其他石油和煤炭产品制造
325110	石油化工制造
325120	工业气体制造
325193	乙醇制造
325199	其他基础有机化工制造
325311	氮肥制造

① U. S. Senate，117th Congress（2021-2022）. S. 4355：Clean Competition Act.

NAICS/SI 代码	行业
327211	平板玻璃制造
327212	其他压、吹玻璃及玻璃器皿制造
327213	玻璃容器制造
327215	外购玻璃制造玻璃制品
327310	水泥生产
327410	石灰生产
327420	石膏产品制造
331110	钢铁及铁合金生产
331313	氧化铝精炼和原铝生产

由于美国尚未建立全国性的碳市场，缺少类似欧盟 EU‒ETS 系统的碳定价机制，《清洁竞争议案》采用了与 CBAM 不同的碳成本计算思路：根据纳入行业的美国本土企业的碳排放水平，设计商品碳排放量的基准值；再根据一定的碳价格，要求美国本土企业和海外企业为其生产产品所蕴含的碳排放量超过基准值的部分支付碳成本。该碳价格的初始值为 55 美元/t CO_2 e，之后年份中，若美国 CPI 上涨，则当年碳价格将较上年上浮 5%。此外，《清洁竞争议案》还设计了适用百分比（Applicable Percentage）参数，以逐步缩减基准值：2024 年，该参数为 100%；2025 ~ 2028 年，每年下降 2.5%；2029 年以后，每年下降 5%。目前，《清洁竞争议案》设定的实施时间为 2024 年 1 月 1 日。

（二）计算规则

在对商品的碳排放量和碳成本计算中，《清洁竞争议案》将商品划分为初级商品（Primary Goods）和制成品（Finished Goods）两类。初级商品的碳排放量可以采用式（5.7）计算：

$$CE_i = \frac{E_i^1 + E_i^2 - E_i^3}{Q_i} \qquad (5.7)$$

其中，CE_i 代表初级商品 i 的碳排放强度；E_i^1 代表企业为生产初级商品

i 的年度直接碳排放量；E_i^2 代表企业为生产初级商品 i 在年度内消耗电能所导致的碳排放量；E_i^3 代表在年度内通过碳捕集和地质封存减少的碳排放量；Q_i 代表企业生产初级商品 i 的年度产量。

当根据式（5.7）已经计算获得初级商品的碳排放量（CE_i）时，可以采用采用式（5.8）计算需要支付的碳成本：

$$C_i = (CE_i - \alpha \times CE_i^0) \times P_C \qquad (5.8)$$

其中，C_i 代表初级商品 i 的碳成本；α 代表适用百分比；CE_i^0 代表产品 i 碳排放量的基准值；P_C 代表碳价格。

对于制成品，《清洁竞争议案》规定采用生产过程中消耗的初级商品的碳成本和消耗量进行加权计算；若消耗的初级商品的碳成本已经支付，制成品的碳成本将不再重复征收。

此外，《清洁竞争议案》还规定了两种特殊情况：

（1）当进口商品的碳排放数据可获得性较低或透明度较差时，可以采用进口商品原产国总体经济碳强度与美国总计经济碳强度的比值对基准值进行修正，并作为碳成本的计算标准。

（2）当纳入行业的初级商品超过一种，而该初级商品生产工艺与该行业其他初级商品存在显著差异，并且碳排放水平高于其他初级商品25%以上时，可以认定为特殊商品，特殊商品的碳成本计算将采用特殊算法。

（三）《清洁竞争议案》解读

根据以上对美国《清洁竞争议案》的介绍，可以看出，其与欧盟CBAM法案在纳入行业、管辖对象、计算方法等方面存在显著差异。但是二者设计思路均是通过提高碳价格，促进对美、对欧出口的国家采取节能减碳行动。该思路的作用机制可以概括为：（1）对于无法进行节能减碳改造的企业，碳价格上升将导致其收益下降，一旦超过一定水平，企业停产，在宏观上实现淘汰落后产能；（2）对于可以进行节能减碳改造的企业，企业将权衡节能减碳改造成本和碳成本，一旦碳价格的上升导致碳成本超过节能减碳改造成本，企业出于逐利目的，将采用新技术、新工艺等手段进行节能减碳改造，在宏观上实现整个行业的节能低碳生产。

这一机制有效的前提条件是市场上有大量节能低碳技术，并且所有企业均可自由应用，碳排放权交易和碳税政策对节能减碳工作的促进作用均是通过这一机制实现。但是，以碳关税为手段，驱动这一机制在不同国家间生效，则存在较大的失效风险，关键原因在于发展水平的差异，不同国家间存在显著的技术水平差距和科技交流壁垒。

充分利用这些技术水平差距和科技交流壁垒，将成为控制全球气候变化的宏观背景下，科技发达国家保护本土企业、促进本土经济发展最有效的手段之一。例如，科技发达国家可利用领先优势，采用知识产权保护等手段，限制其他国家技术水平的提高；并依照《清洁竞争议案》和 CBAM 法案等"碳关税"政策，要求其他国家持续向其支付碳成本，并反哺科技研发，最终形成科技、贸易的双重领先优势。在美国《清洁竞争议案》中，已明确说明，该法案收入的75％，将投资于新技术研发。

目前，《清洁竞争议案》正处于参议院委员会审议阶段。根据美国立法流程，还需经参议院审议与表决、众议院委员会审议、众议院审议与表决、总统签署等流程才能完成最终立法，其前景仍存在一定的不确定性。

六、应对碳关税政策措施建议

（一）碳关税背景下碳减排行动决策

开展节能减碳行动的关键是应用新技术、新装备（章节四－欧盟主要贸易伙伴 CBAM 碳成本分析，见表5－3）。如何从大量节能减碳技术中选择具备经济合理性的技术，实现碳减排与经济效益的双赢，是企业应对碳关税政策所面临的关键问题。为此，提供了碳关税背景下的节能减碳技术应用决策方法。

若某企业的所属行业同时纳入国内碳市场和欧盟 CBAM 法案管辖，且其产品同时在国内和欧盟市场销售，其产量可用式（5.9）表达：

$$Q^T = \alpha \cdot Q^T + (1-\alpha)Q^T \tag{5.9}$$

其中，Q^T 为企业在一定期间生产商品的总量；α 为企业在国内市场销售商品量的占比。

企业在应用节能减碳技术前，在国内和向欧盟支付的碳成本可分别用式（5.10）和式（5.11）计算：

$$C^C = Q^T \cdot P^C \cdot I^P \tag{5.10}$$

$$C^E = \left[(1-\alpha) \cdot Q^T \cdot P^E \cdot I^P - (1-\alpha) \cdot Q^T \cdot P^C \cdot I^P \right] \tag{5.11}$$

其中，C^C 和 C^E 分别为企业在未应用节能减碳技术时，在国内和向欧盟支付的碳成本；P^C 和 P^E 分别为国内碳市场和欧盟 CBAM 法案约束下的碳价格，$P^E > P^C$；I^P 为企业在未开展碳减排行动时的碳强度。

企业在国内和向欧盟支付的碳成本总额可用式（5.12）表达：

$$C^T = C^C + C^E = \left[\alpha \cdot P^C + (1-\alpha)P^E \right] \cdot Q^T \cdot I^P \tag{5.12}$$

其中，C^T 为企业在国内和向欧盟支付的碳成本总额。

当企业为减少产品的碳排放量，而应用节能减碳技术，其碳相关成本总额可用式（5.13）计算：

$$C_i^T = \left[\alpha \cdot P^C + (1-\alpha)P^E \right] \cdot Q^T \cdot I_i^P + \gamma C^I + \Delta C^{O\&M} \tag{5.13}$$

其中，C_i^T 为企业应用节能减碳技术 i 后，支出的碳相关成本总额；I_i^P 为企业应用节能减碳技术 i 后的碳强度，$I_i^P < I^P$；γ 为节能减碳技术的投资总额分配至每年的调节参数；C^I 为节能减碳技术的投资总额；$\Delta C^{O\&M}$ 为应用节能减碳技术后，企业额外增加的维护操作成本。

若应用节能减碳技术有助于降低企业碳相关成本，即满足不等式（5.14），则企业应当应用该技术：

$$C_i^T < C^T \tag{5.14}$$

即

$$\frac{\gamma C^I + \Delta C^{O\&M}}{(I^P - I_i^P) \cdot Q^T} < \alpha \cdot P^C + (1-\alpha)P^E \tag{5.15}$$

对于不等式（5.15），若企业的相关信息已知，则不等式左侧的 γ、C^I、$\Delta C^{O\&M}$、I^P、I_i^P 均为已知量；而不等式右侧则满足：

$$P^C < \alpha \cdot P^C + (1-\alpha)P^E < P^E \tag{5.16}$$

因此，企业对于节能减碳技术的应用决策包括以下方案：

（1）对于满足不等式 $(\gamma C^I + \Delta C^{O\&M})/(I^P - I_i^P) \cdot Q^T < P^C$ 的节能减碳技术，应当予以应用；

（2）对于满足不等式 $(\gamma C^I + \Delta C^{O\&M})/(I^P - I_i^P) \cdot Q^T > P^E$ 的节能减碳技术，不应当予以应用；

（3）对于满足不等式 $P^E > (\gamma C^I + \Delta C^{O\&M})/(I^P - I_i^P) \cdot Q^T > P^C$ 的节能减碳技术，是否应用取决于企业商品在国内销售和对欧盟出口的比例，这一比例的决定，应以企业经济效益最大化为目标。

对于企业，若其已完成节能减碳改造，根据改造完成的碳排放水平，其设计应对碳关税的措施应以式（5.17）为目标函数：

$$\min C^T = \left[\alpha \cdot P^C + (1 - \alpha)P^E\right] \cdot Q^T \cdot I^P \qquad (5.17)$$

对于政府部门，政策设计应有助于减少国家或地区整体向欧盟支付的碳成本，目标函数可以表达为：

$$\min C_{total}^E = \sum_j (1 - \alpha_j) \cdot (P^E - P^C) \cdot Q_j^T \cdot I_j^P \qquad (5.18)$$

其中，C_{total}^E 为国家或地区整体向欧盟支付的碳成本；α_j 为企业 j 在国内市场销售商品量的占比；Q_j^T 为企业 j 在一定期间生产商品的总量；I_j^P 为企业 j 的碳强度。

式（5.17）和式（5.18）分别提供了企业和政府设计应对碳关税政策措施的依据。在前五章中提供的政策措施建议及其作用模式如表5－5所示。

表5－5　　　　　　　　应对碳关税政策措施建议及其作用模式

建议内容	建议目标	作用模式
高度重视数据报送工作	政府部门、企业	降低 I^P 和 I_j^P
开展节能减碳行动	政府部门、企业	降低 I^P 和 I_j^P
推动碳成本国际互认	政府	提高 P^C
推动全国碳市场扩容	政府	提高 P^C
征收本土碳税	政府	提高 P^C

第一，重视数据报送。在过渡期内，欧盟委员会在收集到来自世界各大地区的 CBAM 报告后，报告的结果将会在很大程度上影响到欧盟碳关税正式实施时的基准值设定，即公式中的 I^P 与 I_j^P。因此外贸企业需在过渡期内尽可能提交准确的碳排放数据，以确保能对未来拟缴纳的碳税有一个相对准

确的预期，进而调整未来的经营决策。

第二，开展节能减碳行动。从长远角度来看，外贸企业应积极引入碳减排工艺，持续推动企业节能降碳转型，从源头上降低自身的碳排放水平，这无论是从增强外贸出口业务的竞争力的角度，还是从符合国内碳减排要求降低碳排放成本的角度都是有所裨益。同时，大力推进节能减碳措施也将使实施减碳工艺的边际成本下降 $\left[\left(\gamma C^I + \Delta C^{O\&M}\right)/\left(I^P - I_i^P\right)\right.$ 将随之下降$]$，进而鼓励更多的企业参与到减碳改造的工作中。

第三，加快国内碳市场建设。目前全国碳市场已正式运行一年有余，但碳价格始终维持在 60 欧元左右，而同时期的欧盟碳市场价格则一度逼近 100 欧元（折合人民币 695 元）。通过建立活跃的碳交易市场，逐步推进配额有偿分配、降低免费配额分配占比等措施，让碳价更好地反映市场真实的供需关系，缩小国内与欧盟碳市场的价差（提高 P^C），从而让采取减碳措施的主动权掌握在本国手中。

除表 5-5 中提供的各项政策措施建议外，政府部门和企业可根据式（5.17）和式（5.18）提供的各项参数对调节碳成本的作用机制，设计其他政策措施。

第二节 欧盟《新电池法》解读及应对策略

一、欧盟《新电池法》的背景介绍

（一）政策发展

欧盟交通运输业的温室气体排放约占欧盟总排放量的 1/4，并且仍呈不断增长的趋势。2019 年 12 月，欧盟委员会发布《欧洲绿色协议》，制定了交通运输行业温室气体排放量到 2050 年减少 90% 的目标。随着欧盟交通运输业清洁能源转型加速，欧洲新能源车市场处于快速增长阶段，对电池的需求量也持续上升，因此，电池的制造使用和回收利用将面临着一系列挑战。

同时，欧盟在动力电池技术、产业链整合及原材料成本、矿产资源等方面与亚洲国家相比并不具有明显优势，因此，电池循环利用、环保和能效的重要性也更加凸显。

在2006年，欧盟出台了电池指令2006/66/EC，该指令及其后续的修订对电池的限制物质、回收和标识做出了详细要求。但是，随着社会的发展，欧盟电池指令逐渐暴露出一系列问题。因此，欧盟委员会从2020年开始基于《欧洲绿色协议》考虑制定新的电池法规并发布了欧盟《电池与废电池法》草案，旨在规范欧盟境内销售的所有类型电池的全生命周期管理。2023年6月14日，欧洲议会通过欧盟《电池与废电池法》（以下简称欧盟《新电池法》），并于8月17日正式落地生效。此次由电池指令升级为电池法规，避免了欧盟各成员国在把电池指令转化为本国法规时产生的差异，并且此法规是在欧盟具有普遍效力和直接效力的法律行为，它无需转化成各成员国的法律就可直接生效（见图5-6）。

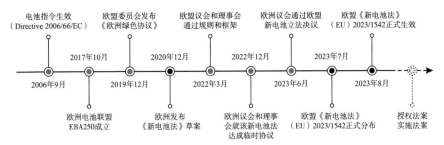

图5-6　欧盟《新电池法》立法时间线

（二）立法目的

随着时间的推移，电池指令2006/66/EC逐渐暴露出在监管范围和内容上存在局限性。因为缺乏框架条件，社会不能为投资可持续电池的生产能力提供激励，并且电池指令中未考虑到技术的更新和市场的发展，导致回收市场未闭环。最后其还存在着社会和环境风险，包括原材料采购缺乏透明度、有害物质、抵消电池生命周期对环境影响的未开发潜力。

欧盟《新电池法》延续了电池指令中对有害物质的限制和回收要求，

规范了电池从设计、生产、使用和回收的整个生命周期，规定了对电池的可持续性、安全性、碳足迹、标签、标记和信息的要求，对废旧电池的收集率、回收材料中的不同物质的回收比例要求和电池生产过程使用回收料的比例有了明确要求。通过一套共同的规则确保公平的竞争环境，加强包括产品、工艺、废电池和回收物等的内部市场运作，促进循环经济，以降低电池生命周期的所有阶段对环境和社会的影响。

二、欧盟《新电池法》的主要内容

（一）主要内容

欧盟《新电池法》共分为十四章，贯穿电池从原材料、制造、消费到回收生产成新产品的整个生命周期。针对将电池投放市场或投入使用的生产经营者，规定了其电池尽职调查义务、采购电池或包含电池的产品时的绿色公共采购要求，以及生产者延伸责任、废旧电池管理和电子护照等要求。

（二）适用范围

欧盟《新电池法》适用于投放欧盟市场内的所有类型电池（军事、航天、核能等特种用途除外），具体包括电动汽车电池、汽车电池（启动、照明或点火电池）、轻型交通工具电池、工业电池以及便携式电池五大类型。此外，未经组装但实际投入市场使用的电池单元，也被纳入该法案的管制范围之内（见表5－6）。

表5－6　　　　　　　欧盟《新电池法》电池产品适用范围

电池类型	用途说明	适用方向
电动汽车动力电池	重量超过25千克以上，用于道路运输电动车和混合动力车动力提供	EV、HEV、PHEV、FCV 等
启动、照明和点火电池（SLI 电池）	用于汽车的起动机、照明、点火等	ICE 等

电池类型	用途说明	适用方向
轻型交通工具电池（LMT电池）	密封式，重量小于25千克，用于电动自行车、电动摩托车等车辆的牵引电池	电动自行车、电动摩托车等
工业电池	重量超过5千克，为产业用而设计的电池以及其他电池类别中不包含的电池	通信、光伏等
便携式电池	密封式，重量小于5千克，未设计成工业过程使用以及非车用电池	户外、手机、电脑等

（三）主体范围

欧盟《新电池法》适用于所有涉及其价值链的经济运营商，并且会牵涉对电池全生命周期产业链进行监管的政府主体。其中主要包含以下主体：

（1）欧盟委员会、欧盟成员国、欧盟通知机构、欧盟通报机构、欧盟成员国主管机构、市场监管部门、国家部门、废物管理部门；

（2）经济运营商、生产商、制造商、进口商、经销商、授权代表、生产者责任延伸制（EPR）授权代表；

（3）生产商责任组织、独立运营商、履行服务提供商、废物管理运营商、授权废物处理商、再制造商、二次服务运营商和回收商。

（四）重点法条分析

1. 电池碳足迹

欧盟《新电池法》要求各类电池披露全生命周期及其不同阶段的碳足迹，针对不同电池类型设定了必须披露碳足迹声明、碳足迹性能等级以及满足不超过最高碳足迹阈值的时间节点。

一是碳足迹声明要求。要求电动汽车电池、可充电工业电池、LMT电池必须提供碳足迹声明。碳足迹声明至少包含制造商信息、电池型号、制造工厂具体地址、电池碳足迹核算结果、符合性声明的识别编号、能够展示碳足迹的链接等内容。其中电池碳足迹核算结果须第三方认证机构认证。同时，电池碳足迹需区分原材料获取及预处理、产品生产、分销、回收利用四个阶段的排放。

二是碳足迹性能等级。欧盟委员会将基于欧盟市场上电池产品碳足迹声明中数据分布，确定碳足迹性能等级。电池产品需附有电池碳足迹总量和碳足迹性能等级标签，并在技术文档中说明碳足迹以及碳足迹性能等级是按照欧盟委员会指定的授权法案计算的。

三是碳足迹最高阈值要求。欧盟委员会兼顾根据碳足迹声明收集的信息以及投放市场的电池型号的碳足迹性能等级的相对分布，结合该领域的科学和技术进步，确定最高碳足迹阈值。电池产品需提供材料证明其碳足迹低于最高阈值，超过最高碳足迹阈值的电池产品将会被禁止进入市场（见表5－7）。

表5－7　　　　　　　欧盟《新电池法》碳足迹时间节点目标

电池类型	碳足迹声明披露时间节点目标	碳足迹性能等级标签时间节点目标	碳足迹最高阈值时间节点目标
电动汽车动力电池	2025年2月18日起	2026年8月18日起	2028年2月18日起
轻型交通工具电池（LMT电池）	2028年8月18日起	2030年2月18日起	2031年8月18日起
容量超过2kWh的可充电工业电池（专用外部存储电池除外）	2026年2月18日起	2027年8月18日起	2029年2月18日起
容量超过2kWh的外部存储可充电工业电池	2030年8月18日起	2032年2月18日	2033年8月18日起

资料来源：根据欧盟《新电池法》规定整理，其中电动汽车动力电池碳足迹声明披露目标时间也可能为相关授权法案生效之日起12个月起，各类电池碳足迹目标时间也可能是相关授权法案生效之日起18个月起，以最晚者为准。

2. 电池护照

自2027年2月18日起，所有轻型交通工具电池、容量超过2kWh的工业电池以及电动车电池都必须附有电池护照。电池护照将通过二维码的形式呈现电池通用信息、电池成分含量、碳足迹、供应链尽调信息、回收物质含量、标签信息、符合性声明等信息，刻在电池产品上，以供公众和监管机构在线访问查询。其本质是通过收集电池全生命周期数据，建立电池全生命周期数据管理系统，实现电池产品信息集中管理与数据共享。除此之外，利益相关方、市场监管机构等通过二维码将比公众获取更多信息，如利益相关方可了解电池材料的详细成分、单个电池的性能和耐久性参数等信息，市场监管机构可查询符合性测试报告。

3. 废旧电池管理

对于废旧电池与关键金属材料设定了最低回收率阶段性目标，电池生产企业需满足更高的循环经济要求。对于回收循环材料钴、铅、锂、镍，授权法案将制定份额计算和验证方法，企业需要按照要求进行披露，并且对各种材料进行了限值（见表5-8）。除此之外，便携式电池的回收率目标在2023年底为45%，2027年底为63%，2030年底为73%。LMT电池的回收率目标在2028年底为51%，到2031年底为61%。（其他类型电池见表5-9）。此外，对于容量超过2kWh的工业电池（专门外部存储的电池除外）、电动汽车电池、LMT电池和活性材料中含有钴、铅、锂或镍的SLI电池中的关键金属材料欧盟设定了最低回收率要求，锂在2027年达到50%，2031年达到80%；钴、铜、铅和镍在2027年达到90%，2031年达到95%。（见表5-10）

表5-8　　　　　欧盟《新电池法》回收循环材料时间节点目标

项目	时间	钴	铅	锂	镍
授权法案制定循环材料份额计算和验证方法	2026年8月18日	—	—	—	—
披露循环材料份额声明	2028年8月18日	—	—	—	—
第一次限值	2031年8月18日	≥16%	≥85%	≥6%	≥6%
第二次限值	2036年8月18日	≥26%	≥85%	≥12%	≥15%

资料来源：根据欧盟《新电池法》规定整理。

表 5 – 9　　　　　　　欧盟《新电池法》电池回收率时间节点目标

项目	时间	铅酸电池	锂基电池	镍镉电池	其他废电池
第一次限值	2025 年 12 月 31 日	≥75%	≥65%	≥80%	≥70%
第二次限值	2030 年 12 月 31 日	≥80%	≥70%	—	—

资料来源：根据欧盟《新电池法》规定整理。

表 5 – 10　　　　　　欧盟《新电池法》电池材料回收率时间节点目标

项目	时间	钴	铜	铅	铝	镍
第一次限值	2027 年 12 月 31 日	≥90%	≥90%	≥90%	≥50%	≥90%
第二次限值	2031 年 12 月 31 日	≥95%	≥95%	≥95%	≥80%	≥95%

资料来源：根据欧盟《新电池法》规定整理。

4. 生产者延伸责任

电池生产者（制造商、进口商或分销商）需承担生产者延伸责任（见图 5 –7），负责其投入欧盟市场的所有电池产品的全生命周期责任。包括但不限于要求电池生产者在各成员国指定的主管机构完成注册，建立废旧电池收集回收制度，在废旧电池收集网点提供废旧电池免费收集服务，组织废旧电池的免费收集、运输、再利用、再制造、处理和回收，收集废旧电池管理信息并向主管当局报告，承担因履行延伸的生产者责任所产生的所有费用等。

三、欧盟《新电池法》的影响

目前，欧洲新能源车市场处于快速增长阶段。根据中信建投数据，2023 年 1 ~ 7 月，欧洲新能源车注册量达到 123.9 万辆，同比增长 20%。在当前欧洲汽车碳排放政策下，相关机构预测欧洲动力电池在 2023 ~ 2028 年的复合年增长率约为 15%。[①] 欧洲本土的供应链难以满足其新能源汽车市场对零

---

① https：//www.mordorintelligence.com/zh – CN/industry – reports/europe – battery – market – industry.

部件的巨大需求。相比亚洲国家，欧洲目前在动力电池技术、产业链整合及原材料成本等方面不具备明显优势。

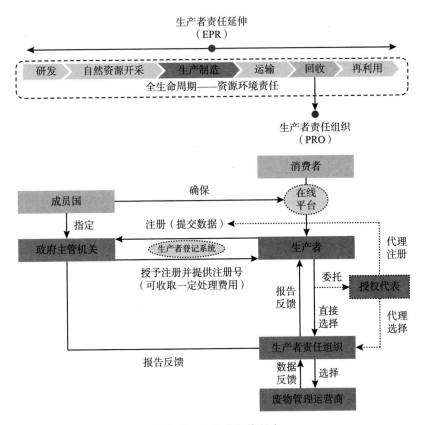

图 5 – 7　生产者延伸制度

我国是动力和储能电池生产大国。根据最新数据统计[①]，2023 年 1 ～ 12 月，我国动力和其他电池合计累计产量为 778.1GWh，累计同比增长42.5%；累计销量为 616.3GWh，累计同比增长 32.4%；累计装机量387.7GWh，累计同比增长 31.6%，各项数据都稳居全球第一。其中，宁德时代仍旧以断层式优势夺得第一名，市场份额为 43.11%。比亚迪实现市场

---

① 北极星电力网，https://news.bjx.com.cn/html/20240111/1355490.shtml。

占比 27.21%，全部为磷酸铁锂电池，在磷酸铁锂电池领域市场份额排行第一，成为了市场的绝对主力。2023 年中国对欧盟出口原电池及蓄电池 1734.21 亿元，同比增长 22.7%，其中锂离子蓄电池出口 1624.41 亿元，同比增长 24.7%。[①]

国内的电池企业规模不断扩张，对欧盟出口的电池产品销量也不断增加。但欧盟《新电池法》中对进口的电池产品提出了许多新要求，国内的电池企业需要及时应对，于是企业的成本和风险也随之增加。

（一）对中国相关行业的影响

1. 电池行业

一是会影响电池价格。欧盟《新电池法》中严格的市场准入法则将给中国电池企业造成一定成本压力，因为企业一方面需要投入更多的资金保证出口产品的合规性，另一方面还需要加大在产品减碳、可持续生产与回收处理等方面的资金投入。除此之外，这也对电池产业链的上下游产业，如电池正负极材料制造商、电池回收商等，提出了更高的要求，因此可能也会导致国际电池价格上涨。

二是会推进中国占据全球电池市场的格局变化。法规对碳足迹的要求使低碳变成电池行业竞争的新赛点，碳阈值要求将会导致出口欧盟市场的动力电池企业向其他未设立门槛国家分流或产业被迫向欧盟迁移，这样就新增了中国电池产品出口的门槛。

三是会加速中国电池产业低碳化转型。中国电池产业将从设计、制造到报废回收全生命周期考虑电池的可持续发展管理，这也将进一步促进中国完善电池全产业链管理制度，加速电池行业低碳化转型。

2. 新能源汽车行业

欧盟《新电池法》短期内对新能源汽车行业的影响有限，但是新能源汽车企业仍需对其持续关注。对于计划出口欧盟的新能源汽车企业需要满足欧盟整车认证的标准，购买合规的动力电池是他们的主要应对措施。虽然目

---

① 根据中国海关官网相关数据整理。

前欧盟《新电池法》暂未提及对装载不合规电池新能源汽车的惩罚措施，但法规中提及欧盟保留设置处罚的权力，并将于2025年前通过授权法案和实施法案公布相关细则。因此，为了免受法规的约束，头部新能源汽车企业将会对电池供应商提出更高的要求，这也有助于新能源汽车企业提高产品自身的品质，赢得更多消费者的青睐。

（二）对中国产品碳足迹体系的影响

1. 标准

目前，国家电池产品碳足迹标准暂未制定，并且欧盟碳足迹计算标准正处于草案阶段，欧盟委员会联合研究中心（JRC）将会通过授权法案和实施法案为电池碳足迹二级立法的制定提供技术支持。尽管这些规则本质上是技术性的，但仍会存在争议和不公。所以对于目前中国缺少可以对标国际标准的产品碳足迹标准的现状，会产生以下影响：

一是由于目前我国标准制定落后于国际标准，使得我国丧失了制定标准的话语权以及市场的主导权，这不利于我国产品的出口和增强我国产品在国际上的影响力；二是由于缺少统一的衡量标准，监管部门缺少能对全生命周期市场各个环节进行有效监督的依据，这不利于行业的健康发展；三是目前我国的产品碳足迹认证市场较为混乱，国外第三方认证机构占据优势地位，如SGS、BV、TUV等。由于相关标准由国外制定，企业会更偏向于选择外企机构来保证出口产品满足国际标准的要求，这不利于我国认证机构的发展和在国际上的影响力扩大。

2. 碳排放因子数据库

目前，中国企业可能因电力碳强度较高而削弱自身的竞争优势。我国目前电力结构仍是火电为主，占比超过50%，而电池碳排放主要来源于电力使用，因此电池碳排放主要取决于电力结构。而由于中国缺少国际互认的碳排放因子数据库，在当前主流的LCA计算软件中，多数情况都采用的是Ecoinvent数据库，该数据库的中国电力碳排放因子数据偏高，与中国实际技术水平和各区域情况不符，所以目前中国制造的电池在生产阶段的碳排放计算结果可能高于欧盟平均水平，这将对我国以动力电池为代表的出口造成较大影响。

（三）对中国废旧电池利用及回收体系的影响

根据欧盟《新电池法》的电池回收以及循环材料份额的声明的法条，未来的回收工艺和工厂不仅需要正确处理电池组件，还需要实现重要电池材料的高回收率。目前，在中国政府的指导以及企业的配合下，头部汽车企业和电池企业已经开始在国内布局的动力电池的梯次利用管理体系和循环回收体系，其中包括拆解、进出、纯化结晶等程序。除此之外，企业也积极在相关方面展开与国内外高校、电池检测企业的研发合作。相比中国，目前欧盟在动力电池回收状况方面稍显落后，但欧洲的许多公司已经涉足锂离子电池回收领域。为了保持在这一领域的优势，我们应采取有效措施，建立和完善废电池综合利用的政策法规，建立和规范废旧电池回收体系，提升废电池回收利用技术。

根据欧盟《新电池法》的生产者责任延伸制度的法条，在多数情境下，国内的电池企业是被视为制造商，无需承担生产者延伸责任，但欧盟的进口商和欧盟的车企将会被视为生产者，他们需要满足欧盟《新电池法》中生产者的责任，所以进口商作为国内电池企业的客户，会对电池企业提出更高的要求以避免出现无法进入欧盟市场的情况。

（四）对中国产品出口信息安全的影响

数据隐私和安全也是业内关注焦点。核查过程中将主要对排放单位基本情况、核算边界、核算方法、活动数据、排放因子、排放量、生产数据、质量保证和文件存档、数据质量控制计划及执行情况等进行评审，在必要时还会进行现场核查。核查过程中，有可能带来数据泄露、前沿技术泄露方面的问题，不利于企业的知识产权保护。

欧盟《新电池法》中要求企业披露大量的产品信息和关键数据，关键数据包括符合性声明、CE 标志、标签标记信息、电池护照、废旧电池等级注册系统、回收材料等。这些关键信息涉及企业很多的商业机密和敏感数据，如生产工艺、供应链信息等，这无疑增加了企业核心商业信息泄露风险和电池技术保密难度，从而降低了产品的竞争力。

四、应对欧盟《新电池法》的措施建议

（一）制定更为严格的电池标准和相关法规

制定以产品生命周期评价、碳足迹为基础建立国际绿色贸易新规和制订动力电池行业统一的衡量测试标准，这能够为监管部门提供有效的监督依据。不同标准的相互衔接覆盖了动力电池、模组、系统等各个等级部件，有利于动力电池行业的健康发展。同时，针对包括动力电池能源消耗、材料使用、生产过程和回收要求等方面制订标准，将促使电池制造商采取更规范和环保的生产方式，减少碳排放，并提高整个产业链的可持续性。

（二）建立动力电池的碳足迹政策法规体系

一是探索建立健全动力电池产品碳排放管理体系，政府、企业和第三方机构积极参与重点产品碳足迹认证标准制定，认证、评级及激励机制研究，推进认证体系与国际标准互通。二是引导重点企业开展产品碳足迹管理相关工作，从企业碳足迹管理意识形态建设到完成产品碳足迹认证形成全流程配套服务。

（三）建立中国动力电池碳排放因子数据库

建立电池行业碳排因子库，为电池的碳足迹核算和评价提供可靠的数据基础，并促进各方协同合作和信息共享。通过收集和整合具有时间和地域代表性的高质量排放因子，揭示不同行业和地区的碳排放差异，促进技术进步和低碳发展。政府、平台、企业及高校、科研院所等单位通过联合开发重点产品碳排放因子库，推动建立覆盖产业链各环节的电池碳排放因子数据库建设。

（四）完善绿色电力交易市场与碳市场链接制度

一是降低绿色电力价格，建议综合考虑市场主体意愿调整绿色电力交易价格，避免打击企业节能减排积极性。二是增加绿色电力抵扣比例，建议在

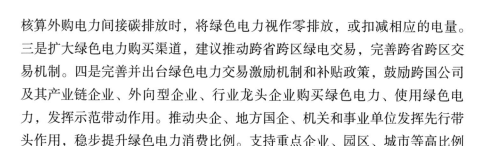

核算外购电力间接碳排放时，将绿色电力视作零排放，或扣减相应的电量。三是扩大绿色电力购买渠道，建议推动跨省跨区绿电交易，完善跨省跨区交易机制。四是完善并出台绿色电力交易激励机制和补贴政策，鼓励跨国公司及其产业链企业、外向型企业、行业龙头企业购买绿色电力、使用绿色电力，发挥示范带动作用。推动央企、地方国企、机关和事业单位发挥先行带头作用，稳步提升绿色电力消费比例。支持重点企业、园区、城市等高比例消费绿色电力，打造绿色电力企业、绿色电力园区、绿色电力城市。

（五）加快构建动力电池回收循环利用体系

一是完善回收体系的激励机制和补贴政策。学习其他优秀省份（如福建省）有关支持新能源汽车废旧动力蓄电池回收的相关补贴政策，引导电池回收利用规范化、产业化、规模化发展；二是鼓励和支持企业投资和开展电池回收与再利用业务。推动相关技术和设备的创新，推动物理回收等高效减排技术的应用，实现电池材料的资源回收和再利用；三是研究制定具有强制约束力的动力电池回收利用专项法规和行业管理制度。建立健全由回收点、回收网络和回收设施构成的废弃电池回收体系，规范动力电池全生命周期各环节有关主体的权利义务关系；四是健全技术标准体系。加快研究制定废旧电池剩余寿命评估规范、再生原料评价等相关标准，研究与已有相关标准的协调和对接，提高电池回收效率与材料回收水平；五是加强宣传教育，提高公众对电池回收重要性的认识和意识。

（六）开展产品的碳数据出境安全程序设计

一是加快完善数据跨境流动管理制度。按照数据安全和产品信息保护的顶层立法，持续完善我国数据跨境管理的配套规范，设置标准合同、保护能力认证、例外事项等多元数据出境途径，兼顾数据安全与数据跨境流动应用。同时，针对出境国家地区政治环境、国际关系、数据保护水平等因素，划分数据出境风险等级，制定差异化的数据出境管理要求，保障我国碳数据出境安全。二是建立数据跨境流动技术保障体系。建立电池产品的全生命周期数据安全保护管理措施，加强出境数据全生命周期的备案、防护、检测评估和安全监管。针对企业数据跨境传输和应用需求，加强数据安全防护技术能力建设，保障数据跨境流动安全。三是加强数据跨境流动管理国际合作。依托多边对话机制和国际性会议，宣传我国数据跨境流动的主张，吸引更多国家支持和参与《全球数据安全倡议》，促进达成数据合法、安全有序跨境流动相关共识。积极参与全球数据规则制定，在当前双边、多边贸易谈判中增加关于数据跨境流动条款，为我国数字企业"走出去"奠定基础。

（七）开展国内外政策学习培训及课题研究

一是支持企业内部培训系统的建立。企业应理解并把握欧盟《新电池法》的修订动态及实施进展新电池法，并及时获取法规变化动态，准确解读相关要求，把控出口产品的开发及出口计划，做好出口产品的合规应对风险识别，补充短板或排除不合规风险项，把握法规应对窗口期，做好出口欧盟的应对计划。二是组织行业协会开展欧盟《新电池法》最新政策解读、碳足迹计算等相关能力建设工作。推动企业完成出口产品碳排放摸底，帮助出口企业提高产品碳足迹计算能力。三是培养"双碳"技术人才。"双碳"人才的培养需要产学研相结合的合作模式，政府、高校、企业和科研机构等共同参与并建立合作平台，共同制订培养计划和实施方案，确保培养的人才符合实际需求。

五、发展形势和未来展望

推动动力电池碳足迹管理与碳减排是促进电池产业可持续发展、实现新能源汽车产业碳中和的关键任务。国家和企业构建碳足迹管理体系，建立核算工具和数据准确保障机制，有利于实现动力电池产业碳排放的准确核算和管理。同时，按照国际需要建立针对标准、方法论等的跨国互认机制，推动不同国家间的碳足迹核算体系相互认可。而跨国头部企业在面临成本上升和技术要求增加的挑战之际，也面临着新型商业合作模式的机遇。基于以上分析，有以下发展趋势预测及展望。

（一）新能源汽车碳中和发展目标明确，动力电池碳足迹管理与碳减排是当前关键任务之一

我国出台了多项新能源汽车鼓励政策，明确支持新能源汽车发展，并且我国对于新能源汽车行业已建立了从研发、生产、购买、使用到基础设施等方面的较为完善的政策支持体系。同时，越来越多的城市（如北京、上海、广州、深圳、天津、杭州等）开始对传统燃油乘用车进行限购、限行，这也有助于提升购买新能源汽车的需求。

为了降低新能源汽车的碳足迹，其减排重点主要在于新能源汽车制造和电力生产阶段。首先，动力电池作为新能源汽车的核心部件，是新能源汽车制造阶段，碳减排是首要任务。动力电池的碳排放量最高，可占电动汽车全生命周期碳排放的40%。其次，大力发展风光等新能源产生的绿色电力，也能有效降低新能源汽车在制造和使用过程中的碳排放。最后，当前欧盟、日本等国家已实施或正研究制定电池碳排放核算、阈值管理等碳足迹管理政策，对于大型跨国电池企业，进行全球动力电池贸易与投资，开展动力电池领域碳足迹管理与碳减排工作迫在眉睫。

（二）政府和企业亟须构建碳足迹管理体系，相关核算标准、方法论等跨国互认也是未来趋势

动力电池碳足迹管理的建立离不开国家、企业和跨国机构等组织的支持，包括国际层面的互认机制、国家层面建立碳足迹管理体系、企业层面构建碳管理体系。

1. 国家电池碳足迹管理体系

建议搭建动力电池碳排放数据管理系统，具体包括核算工具、产业链数据、数据准确保障机制三大部分，全面涵盖动力电池产业链上下游碳排放信息，为国家和企业提供查询、核算、核查、管理等多种功能，可精准反映动力电池行业情况，具体如下：

一是为落实生命周期评估，需要建立核算工具协助使用者查找、核算、管理和报告与碳足迹相关的数据信息。相关机构可从国际主流数据库中获取

各个阶段的温室气体排放清单，梳理出动力电池碳排放数据，包括原料、生产、物流、使用和回收阶段的数据，并建立常态化管理和定期更新机制，以便为碳排放的核算、监管、评估提供数据支持。

二是为实现碳排放核算，需要完善产业链数据以提供整个供应链的数据事实来源。产业链上下游企业应配合相关机构，遵循数据可得、方法可行、结果可比的原则，尽可能详细准确地根据涵盖所有碳排放阶段的物质清单，统计并录入相关的底层工业数据、供应链企业数据和工业企业数据，以便本系统实现上下游企业数据互联互通。

三是为确保数据准确，需要建立数据准确保障机制进行监督管理。相关监管机构可对动力电池企业碳排放数据进行监督管理以提高数据质量，包括审核重要数据目录备案、开展监测预警、信息报送和共享、投诉举报受理等工作；同时，相关核查认证机构应为企业提供碳排放核算功能，实行低碳检测认证等，为企业提供管理、技术及咨询服务。

2. 企业电池碳足迹管理体系

为了满足欧盟《新电池法》的相关要求和各国国内碳中和计划要求，整车企业和电池企业应积极应对。因此，构建企业电池碳足迹管理体系建设成为当前头部企业高度重视的任务之一。但总体来看，企业仍处于碳核算管理的初级阶段，对于碳中和目标的各阶段任务认识相对较少。

从碳管理体系来看，企业应建设包括碳核算（碳足迹）、碳资产、碳交易与碳中和（目标管理体系）四大部分。

一是碳核算，在此阶段，需要针对动力电池开展核算方法、物料与数据清单确定，通过供应链管理，以及综合测算及开展相关检测认证工作。二是碳交易，在各领域进行碳中和计划过程中，国家可采用市场激励手段，设立跨行业领域的碳资产确认与交易平台。企业在实施各项碳减排方案的过程中，也可以通过经济手段，进行碳资产确认与交易，满足国内外碳足迹阈值要求。三是碳资产，是指在强制碳排放权交易机制或者自愿碳排放权交易机制下，产生的可直接或间接影响组织温室气体排放的配额排放权、减排信用额及相关活动。四是碳中和管理，是指进行碳减排目标的制定，根据自身碳排放情况和行业标准，制定相应的碳减排阶段性目标，包括近期和远期目标。该目标应具有一定的可行性和可量化属性，同时还要考虑到企业的经济效益和社会责任。

3. 标准、方法论等跨国互认机制

联合各国政府机构逐步开展官方跨国互认工作，通过充分交流与研究加强碳足迹核算标准和要求间互认，在各国标准、方法论与政策研究机构之间建立联合研究机制。2019年全球电池联盟（GBA）提出电池护照倡议，并于2021年后陆续通过G7集团、OCED等国际会议认可。2022年，德国经济部发放资助助力开发电池碳足迹行业标准，推动电池护照发展。作为在新能源与新能源汽车产业具有全球领先优势的国家，中国在动力电池碳足迹标准、方法论跨国互认工作上起步也比较迅速。2023年6月21日，在中国国务院新闻办公室举行的政策例行会议上，中国工业和信息化部代表表示，下一步将促进新能源汽车领域的标准和法规协同，其中将加强与相关国家和地区低碳发展合作，推动形成互相认可的碳排放、碳足迹核算体系。

（三）跨国头部企业挑战与机遇并存，新型商业合作新模式或随之出现

为了满足欧盟《新电池法》的相关要求，电池企业应针对原材料采购、电池生产工艺和废旧电池回收处理等环节构建企业内部管理体系，设置相应的碳中和工作任务。一方面可能会导致生产成本上升，另一方面也会倒逼电池企业加速向低碳、零碳的生产方式转变。欧盟《新电池法》有关碳足迹、数字护照等要求或将改变现有的商业模式。如在电池回收环节，法案制定了明确的回收目标，不仅增加了对相关企业的废旧电池回收处理环节的要求，也对企业的回收技术提出了更高要求，有可能加速"生产端—应用端—回收端"融合发展的新型商业合作模式的产生。

联合国全球契约组织将依托"企业践行全球发展倡议，加速实现可持续发展目标"（GDI for SDG）项目深化该领域的研究、促进对话、增进交流、推动合作，在企业间搭建务实行动与合作的机制，帮助确保电动汽车行业成为加速实现可持续发展目标的典范行业。

第三节 碳达峰、碳中和背景下湖北碳市场发展展望[*]

2021 年 7 月 16 日，全国碳排放权交易市场（以下简称"碳市场"）正式启动。碳市场是落实碳达峰、碳中和（以下简称"双碳"）目标的重要政策工具，是推动发展方式绿色转型的重要引擎。碳金融则是碳市场的衍生产物，是实现"双碳"目标和推动经济高质量发展的重要抓手。湖北既是区域试点碳市场，又是全国碳排放权注册登记结算系统所在地，必须锚定建成全国碳市场和碳金融中心目标，建好用好碳市场，突破性发展碳金融，加快建设绿色低碳技术、产业体系，夯实生态优先、绿色超越的根基，为加快建设构建全国新发展格局先行区注入新动力。

---

[*] 本节执笔人：邓逸，湖北省宏观经济研究所副研究员，主要从事应对气候变化规划、碳达峰实施方案编制等工作。累计主持国家清洁发展机制基金项目 3 项，主持湖北省委重大财经调研课题、省政府智力成果采购项目、省低碳试点专项资金课题、省发改委、省生态环境厅委托项目 18 项，主持地方委托项目 3 项，其中多篇报告在国内核心期刊发表。低碳类成果获国家发改委优秀成果奖 3 项，获湖北省发展研究奖 2 项，参与撰写的《新冠肺炎疫情对湖北应对气候变化工作影响初步分析》获生态环境部副部长赵英民批示；廖琦，湖北省宏观经济研究所副研究员，长期从事应对气候变化、温室气体减排相关研究工作。参与完成中国清洁发展机制基金赠款项目 3 项，湖北省低碳试点专项资金课题以及省发展改革委、省生态环境厅、省生态环境科学研究院及地方委托项目近 20 项，参与编制湖北省应对气候变化"十三五""十四五"规划，湖北省近零碳排放区示范工程实施方案、湖北省适应气候变化行动方案（2023～2035 年）等多个政策文件，主笔撰写多篇研究报告，其中获国家发改委优秀成果奖三等奖 1 项，获湖北省发改委研究成果奖 4 项（其中一等奖 2 项，二等奖 1 项，三等奖 1 项）。陈加伟：湖北省宏观经济研究所中级经济师，主要从事应对气候变化、温室气体减排相关研究工作。参与湖北省生态环境科学研究院课题（省生态环境工程评估中心）《湖北省甲烷排放控制研究项目》，参与编制《湖北省甲烷排放控制行动方案》，参与碳排放权交易省部共建协同创新中心 2023 年度开放课题《数字经济驱动碳市场、碳金融发展的研究》；参与编制《湖北省开发区总体发展规划（2020－2025 年）》，参与完成《"十四五"时期湖北加快推动数字经济与实体经济融合发展的路径研究》《湖北省"第二总部"经济研究》等多项课题。

一、发展现状

（一）国外发展现状

1. 总体现状

温室气体减排政策主要有碳定价和非定价两种，其中碳定价包括碳市场、碳税等。截至 2023 年 4 月 1 日，全球正在实施中的碳定价机制覆盖了 73 个国家或地区，覆盖温室气体排放量占全球的 23%[①]。1997 年，《京都议定书》首次提出碳市场机制。2005 年，第一个碳市场——欧盟碳市场建立，其后国际碳市场经历了一个由低迷到加速扩张的过程。2014~2023 年，全球实际运行的碳市场数量由 13 个增加到 28 个，碳市场体系覆盖的排放量占全球温室气体排放总量的比重由 8% 跃升到 17%，从 2014 年的不到 40 亿吨增加到 90 亿吨[②]。

随着主要国家碳市场体系走向成熟，国际碳金融发展步伐不断加快。特别是欧盟、美国等金融体系高度发达，碳金融表现十分活跃。全球碳金融市场每年交易额超过 600 亿美元，碳期货占 1/3。各大交易所、金融机构主导了碳期货、碳质押、碳指数等碳金融衍生品开发，其他资本市场为有效补充。绿色金融、气候投融资标准种类丰富，包括赤道原则、负责任银行原则、气候债券标准、绿色债券框架、标准普尔等。

2. 欧盟现状

欧盟碳市场是全球最成熟的碳市场之一，2022 年交易额 7515 亿欧元左右，占全球碳市场的 86.9%[③]。从发展历程看，有以下特点：一是碳市场分

---

①　World Bank. State and Trends of Carbon Pricing 2023 ［EB/OL］. (2023 – 05 – 29) ［2024 – 01 – 30］. https：//openknowledge. worldbank. org/entities/publication/58f2a409 – 9bb7 – 4ee6 – 899d – be47835c838f.

②　ICAP. Emissions Trading Worldwide 2023 Status Report ［EB/OL］. (2023 – 04 – 10) ［2024 – 01 – 30］. https：//www. tx3060. com/wp – content/uploads/2023/04/ICAP – Emissions – Trading – Worldwide – 2023 – Status – Report. pdf.

③　金融信息公司路孚特（Reinitiv）数据，https：//www. refinitiv. cn/zh？utm _ campaign = 642041 _ LSEGPaidSearchBaidu&elqCampaignId = 18572&utm _ source = Baidu&utm _ medium = CPC&utm _ content = Refinitiv% 20Brand% 20Gen% 20 – % 20Phrase&utm _ term = % E8% B7% AF% E5% AD% 9A% E7% 89% B9% E9% 87% 91% E8% 9E% 8D.

阶段演进。欧盟碳市场第一阶段为 2005～2007 年，第二阶段为 2008～2012 年，第三阶段为 2013～2020 年，第四阶段为 2021～2030 年，时间跨度由短到长。初期只覆盖能源、石化、钢铁、水泥、玻璃、陶瓷及造纸等行业，后逐步纳入其他行业，覆盖行业由少到多。配额发放从免费到有偿拍卖，配额拍卖比例逐步提高，年配额量不断收紧，罚款额从每吨 40 欧元提高至 100 欧元，目标由松到紧。二是碳金融发展迅速。碳市场衍生品除碳期货、期权外，还包括碳远期、掉期、互换、价差、碳指数等，其中碳期货、期权交易约占欧盟碳市场的 90%。随着气候变化影响加深，各类新兴的气候类衍生品也在不断开发中。

(二) 国内发展现状

1. 碳市场

(1) 区域试点碳市场。

2011 年 10 月，国家发展改革委批准北京、上海、湖北、重庆、广东、天津、深圳等 7 省市开展碳交易试点工作。自 2013 年 6 月起，地方试点先后启动交易，区域碳市场覆盖了电力、钢铁、水泥 20 多个行业近 3000 家重点排放单位。交易产品方面，上海自愿减排量 (CCER) 交易领跑全国，累计交易量 1.60 亿吨；广东、深圳大宗协议交易占试点主导；湖北现货远期遥遥领先，累计成交量 2.58 亿吨，占全国的 90% 以上。交易主体方面，广东机构投资者交易量占总交易比重超过 70%，湖北则允许个人参与。

7 个试点碳市场横跨了东部、中部、西部地区，经济发展水平差异较大，制度设计也有异同。法律保障方面，有的是以地方人大立法为碳交易制度保障，有的则出台政府规章，另配套细则，如北京试点曾印发《北京市碳排放配额场外交易实施细则》。行业覆盖范围方面，有的仅包含工业，有的扩展到其他行业，上海纳入行业最多，包括工业、建筑、交通、商业等。配额总量设定方面，配额总量设定依据主要为碳强度下降指标、经济增长预测、能源和产业结构调整需求、新建项目投产运行规模等，各试点差别较大。配额分配方法方面，以免费分配为主，广东、湖北尝试了拍卖等有偿分配方式。区别在于，广东的配额分配是免费和有偿发放相结合，而湖北拍卖标的来源为政府预留配额，而不是企业的分配配额。交易方式方面，试点市场交易方式包括协商议价、现货远期、定价转让、一级拍卖等，以协商议价为主。交易品种方面，主要有配额现货和核证自愿减排量（CCER）交易，未开展期货、期权交易。各试点均对 CCER 占配额交易量的比例作出限制，但最低 5%，最高不超过 10%。履约机制方面，对于不能按时履约或者未能履约的企业，各试点都制定了相应的惩罚措施，包括罚款、扣除配额、计入失信记录、取消优惠政策等。

（2）湖北碳市场。湖北碳市场自 2014 年 4 月启动以来，取得了积极成效，为全国碳市场建设积累了"湖北经验"。一是交易保持活跃。截至 2023 年 12 月底，湖北碳市场配额共成交 3.88 亿吨，成交总额 95.75 亿元，保持全国前列。二是碳减排成效显著。累计减少碳排放 2047 万吨，碳排放年均下降 2%左右，其中汽车、有色、玻璃、化工等控排企业碳排放年均分别下降 8.5%、6.8%、6.4%、6.3%。三是交易机制不断完善。行业覆盖范围从 12 个增至 16 个。按年度制定配额分配方案，纳入企业能耗门槛从 6 万吨标煤降至 1 万吨标煤，数量从 138 家增至最多 373 家，配额总量从 3.24 亿吨降至 1.8 亿吨①。

（3）全国碳市场。2015 年，我国开始筹备全国碳市场建设工作。2017 年底，启动碳市场分阶段建设进程，并明确由湖北承建全国碳排放权注册登记系统（以下简称"中碳登"），上海承建交易系统。自 2021 年 1 月 1 日起，全国碳市场首个履约周期正式启动，纳入发电行业重点排放单位 2162 家，年覆盖约 45 亿吨二氧化碳排放量。2021 年 7 月 16 日至 2023 年 12 月 29 日，配额累计成交量 4.41 亿吨，累计成交额 249.19 亿元，成交价 38.50 ~ 82.79 元/吨②。

2. 碳金融

（1）全国碳金融。一方面，绿色金融更加聚焦节能降碳领域。2016 年我国出台《关于构建绿色金融体系的指导意见》后，不断加强制度设计，

---

① 根据湖北省生态环境厅印发的《湖北省 2022 年度碳排放权配额分配方案》，排除因关停、主体整合等原因退出的企业后，纳入全省 2022 年度碳排放配额管理范围的企业为 343 家。
② 根据全国碳市场数据整理。

推进绿色金融改革创新试验区建设，绿色金融实现跨越式发展。绿色信贷规模领跑全球，截至 2023 年底，本外币绿色贷款余额 30.08 万亿元，同比增长 36.5%，高于各项贷款增速 26.4 个百分点。其中，投向具有直接和间接碳减排效益项目①的贷款为 10.43 万亿元、9.81 万亿元，合计占绿色贷款的67.3%②。绿色债券市场蓬勃发展，截至 2023 年底，国内市场绿色债券发行规模 8359.91 亿元，存量 3.46 万亿元，居世界第 2 位③。另一方面，各试点省市依托碳市场开展多样化碳金融创新。比如上海开展借碳，北京开展场外期权，广东开展法人透支，深圳开展绿色结构性存款，福建开展碳保险等。互联网平台也积极开展碳普惠金融创新，如阿里巴巴"蚂蚁森林"平台、曹操专车"低碳森呼吸"绿色巴士、腾讯"碳 base"平台技术支撑的"武碳江湖"小程序等。

（2）湖北碳金融。湖北虽然还未被纳入绿色金融改革试验区，但武汉、十堰正积极申报国家级绿色金融改革试验区，黄石积极创建省级绿色金融改革创新试验区。一方面，金融支持绿色低碳转型力度加大。截至 2023 年底，全省绿色贷款余额 12779 亿元，总量居中部第 1 位；截至 2023 年第三季度末，全省 321.6 亿元贷款获得碳减排支持工具支持，带动碳减排量 638 万吨；落地支持煤炭清洁高效利用专项再贷款资金 138 亿元，位居全国前列。办理排污权抵质押贷款 4.1 亿元，累计完成 12 笔碳质押贷款和碳回购交易，融资总额近 7 亿元④。湖北绿色金融综合服务平台（以下简称"鄂绿通"）融资余额超过 1544 亿元。创设"鄂绿融"绿色低碳专项政策工具，单列100 亿元再贷款、再贴现额度，"鄂绿融"余额 58.3 亿元，2023 年累放额94.4 亿元。另外，还发放了磷石膏综合利用率、碳减排量、日垃圾处理量、

---

① 即国际公认的气候减缓类项目。其中，直接减排项目具有显著的直接碳减排效益，国际国内对其减碳特性具有较高共识；间接减排项目本身无直接碳减排贡献，但通过支持其他项目实现碳减排目标或为其他项目提供技术服务间接实现碳减排。

② 中国人民银行.2023 年金融机构贷款投向统计报告［EB/OL］.（2024－01－26）［2024－01－30］.http：//www.pbc.gov.cn/goutongjiaoliu/113456/113469/5221508/index.html.

③ 王菁.2023 年绿债发行规模小幅回落二级市场交易热度持续提升［EB/OL］.（2024－01－15）［2024－01－30］.https：//baijiahao.baidu.com/s?id=1788144115407716853&wfr=spider&for=pc.

④ 人民银行湖北省分行.人民银行湖北省分行召开 2024 年第一季度例行新闻发布会［EB/OL］.（2024－01－24）［2024－01－30］.http：//wuhan.pbc.gov.cn/wuhan/123466/5218751/index.html.

矿山复绿面积等可持续发展挂钩贷款共计 1.98 亿元。另一方面，在全国率先探索多项碳金融创新。开展碳托管 592 万吨、碳质押融资 15.4 亿元、碳保险 9 亿元（见表 5－11）。武昌区获批国家首批气候投融资试点。

表 5－11　　　　　　　部分试点碳市场碳金融创新情况

	试点	北京	上海	湖北	广东	深圳	天津	福建
交易工具	碳基金		√	√		√		
	碳债券			√		√		
	碳证券			√				
	绿色结构性存款					√		
	远期	√	√	√	√			
	场外掉期	√						
	场外期权	√						
融资工具	回购	√	√		√			
	质押、抵押融资	√	√	√	√	√		√
	碳资产托管			√	√	√		
	碳信托		√	√				
	借碳		√					
	法人透支				√			
	融资租赁			√				
	保理			√				
	碳众筹		√	√			√	
支持工具	碳指数	√	√	√				√
	碳保险			√				√

二、面临形势分析

（一）国内外主要碳市场发展趋势预判

参考欧盟经验，全国碳市场将经历一个长期、复杂的建设过程。初步预判 2060 年前国内外碳市场发展趋势如下。

（1）2021～2025 年。欧盟碳市场进入第四阶段，覆盖行业范围进一步扩大，配额拍卖比例逐步提高，年配额量持续收紧，欧盟碳边境调节机制（CBAM）通过立法并进入过渡阶段①。我国碳市场进入初期运行阶段，全国碳市场与区域试点碳市场并行。首批纳入发电行业，碳排放量约 45 亿吨；纳入石化、化工、建材、钢铁、有色、造纸、航空 7 个行业后，碳排放量约 60 亿吨。配额分配以免费分配为主，适时在发电行业开展配额拍卖。

（2）2026～2030 年。欧盟碳市场仍处于第四阶段，纳入 CBAM 的行业免费配额将逐步取消。CBAM 正式征税，除钢铁、铝、电力、水泥和化肥产品生产带来的直接排放外，还可能涉及有机化学品、氢、氨、塑料产品生产带来的直接和间接排放。服务碳达峰目标，全国碳市场行业覆盖范围将进一步扩大，建筑、交通、商业可能被纳入。到 2030 年，控排企业总排放量将达到 70 亿～80 亿吨。预计发电行业将不断提高配额拍卖比例，制造业则从免费分配过渡到拍卖有偿分配。全国配额总量将根据"稳中有降"原则，逐步收紧。

（3）2031～2050 年。一方面，多个国家锚定 2050 年碳中和目标，碳减排要求越来越严，碳配额、自愿减排量等碳资产越来越稀缺，国际碳价将飞跃式提升，各国之间碳价水平不断靠近，我国碳价也将大幅提升。另一方面，国家（地区）碳市场加速链接，主要表现形式为配额的互认、互购，有的成为碳配额进口国，有的成为出口国。我国在此过程中，将基于发展阶段、产业竞争力水平，结合气候谈判进程，合理确定参与全球碳市场链接的程度和范围，并争取在配额分配标准上拥有更多国际话语权。

（4）2050～2060 年。欧盟等主要国家实现碳中和，全球碳市场容量大幅缩水，自愿碳市场取代强制碳市场成为主导，以配额交易为主转变为以碳减排、碳汇等项目交易为主。

---

① 欧盟委员会提议，进口商在过渡阶段只需报告 CBAM 覆盖的进口商品的数量和碳排放量，无需支付费用。资料来源：田丹宇、柴麒敏、刘伯翰：《欧洲议会涉气候法案的内容与经验借鉴》，载于《气候变化研究进展》2023 年 2 月 13 日，https：//kns. cnki. net/kcms/detail//11. 5368. P. 20230210. 1456. 004. html。

（二）湖北碳市场面临的挑战

1. 湖北碳市场领先优势逐步弱化，在全国碳市场建设中面临萎缩

一方面，近年来湖北碳市场交易活跃度有所下降。2019 年以来，湖北碳市场配额协议交易量被广东赶超，2019 年、2020 年、2021 年、2022 年分别比广东低 975 万吨、167 万吨、922 万吨、882 万吨[①]；2022 年还被福建赶超，比福建低 185 万吨。碳价一直低于北京，2017 年起每年均价低于上海，2021 年起每年均价低于广东。碳市场配额每年分一次，往往配额分配方案公布期离履约期仅有 4～5 个月，甚至更短，不利于交易活跃度提高。[②] 另一方面，在全国碳市场建设中面临萎缩。全国统一的碳市场运行后，发电行业重点单位不再参加地方碳市场交易，预计 2025 年底前 8 大试点行业（石化、化工、建材、钢铁、有色、造纸、电力、航空）将全部进入全国碳市场，区域试点碳市场面临参与的控排行业逐渐萎缩，与全国碳市场衔接的有效路径亟待探索。

2. 碳金融发展处于初级阶段，且面临较大竞争压力

一方面，碳金融创新仍限于"零星试水"，未形成有规模、可持续运作的金融工具。绿色产品结构单一，绿色信贷占绿色企业融资规模的 90% 以上，绿色债券、绿色保险规模较小，绿色基金以政府引导基金和产业基金为主，社会资本参与度较低。从原因来看，我国缺乏应对气候变化领域的专门立法，《碳排放权交易管理暂行条例》虽于近期已经出台，碳资产权利属性仍有争议[③]。碳资产权利属性不明，碳排放权、碳汇质押面临瓶颈。绿色低碳项目普遍具有期限长、回报率低的特点，地方针对绿色金融的奖补力度不大，绿色金融风险补偿和担保机制不健全，银行有惧贷、惜贷现象，特别是对民营中小企业。不少私募资金有意愿投向绿色低碳项目，但绿色企业、项目标准不完善，仍在观望。

另一方面，全国碳市场建设路径不明晰，湖北建成碳金融中心压力较

---

① 2023 年，湖北省碳市场交易量和交易额超过广东。
② 根据湖北碳排放权交易中心内部数据整理。
③ 《碳排放权交易管理暂行条例》。

大。上海、广州、北京拟分别主导全国碳现货交易、碳期货交易和核证自愿减排（CCER）交易；香港交易所成立香港国际碳市场委员会，探索粤港澳大湾区碳普惠自愿减排机制；海南国际碳排放权交易中心获批设立，拟主导海洋碳汇市场化交易和全球碳市场交易链接。全国碳市场建设路径不明晰，而湖北金融业比较优势不明显，必须依靠成熟的地方试点碳市场基础，再叠加中碳登、气候投融资试点等契机，下好先手棋，才能实现打造全国碳金融中心目标。

（三）碳市场在实现"双碳"目标中的重要作用

党的二十大报告提出协同推进降碳、减污、扩绿、增长。围绕以上几个方面，碳市场在实现"双碳"目标中可发挥以下重要作用。

（1）降低碳减排成本。根据国内外主流机构测算，我国实现"双碳"目标需要的资金投入150万~300万亿元，相当于年均投资3.75万~7.5万亿元①。我省实现"双碳"目标，未来40年预计需年均投资1200亿~3600亿元。政府资金只能覆盖投资的一小部分，还要靠社会成本来弥补巨额投资缺口，必须借助市场化手段来引导。碳市场可起到传递碳价信号、激励和吸引资源向绿色低碳项目倾斜的作用，进而降低全省减碳成本。

（2）促进生态产品价值实现。碳市场具有资源配置、市场定价等功能，能有效支持生态产品价值实现。资源配置方面，能帮助厘清生态资源权属划分、价值评估及转化，推动形成生态产品价值。市场定价方面，在给生态产品价值定价的同时，也能通过投资机构的引入，带动二级市场交易并激活流动性。

（3）助推经济高质量发展。拉动投资方面，碳市场若有效发挥作用，将推动非化石能源项目建设、传统产业转型、低碳零碳负碳技术研发，催生大量的基础设施、产业、技术投资。助推建设现代化产业体系方面，有助于推动钢铁、建材、石化化工等重点行业加快淘汰落后产能，促进新能源、新材料、新能源汽车、绿色环保等一批"含绿量""含新量""含金量"更高

---

① 刘桂平：未来几十年绿色低碳转型是投资等决策的核心逻辑［EB/OL］.（2021 – 06 – 10）［2024 – 01 – 30］. https：//baijiahao. baidu. com/s？ id = 1702161290456773013&wfr = spider&for = pc.

的产业蓬勃发展。促进绿色就业方面，2021年3月，《中华人民共和国职业分类大典》正式将碳排放管理员列入其中，标志着"双碳"人才需求扩张。教育部出台《高等学校碳中和科技创新行动计划》《加强碳达峰碳中和高等教育人才培养体系建设工作方案》等文件，明确要求大力培养碳核算、碳交易等专业人才，碳市场建设将直接或间接创造大量就业岗位。增加财政收入方面，湖北试点碳市场产生的数亿元拍卖收入部分用来设立低碳试点专项资金，每年投入1500万元用于开展碳核查和应对气候变化相关研究；拍卖收入中的1.2亿元，用作中碳登注册资本金，支持中碳登建设和运维。若"十四五"期间开展常态化配额拍卖，将持续补充财政资金。

三、发展路径的初步考虑

（一）深入推进湖北碳市场建设

（1）完善碳市场配套制度。适时修订《湖北省碳排放权管理和交易暂行办法》。优化碳排放配额分配方案，建议正式分配仍采取"每年一分"，预分配采取"五年一分"，帮助企业掌握远期配额量，提高交易活跃度。同时鼓励企业将配额作为长期抵押物申请银行专项贷款，用于实施节能技改、碳减排项目，进一步降低减排成本。建设基础数据库，加强碳市场排放数据报送、配额分配、核查、履约等数据开发和管理，支撑区域碳市场健康发展。

（2）扩大碳市场覆盖范围。近期，支持武汉针对控排企业降低能耗准入门槛（如降至5000吨标煤/年）深化研究。研究将公共建筑、商业等纳入湖北碳市场。进一步开展电碳市场双认证，推进碳市场、绿色电力交易两个市场机制衔接、产品创新、数据共享、结果互认，为使用绿色电力的企业提供"零碳认证"。远期，探索将非二氧化碳温室气体排放权纳入交易范围。

（3）加强风险监管和防范。强化机构监管，完善风险防范制度。推动湖北碳排放权交易中心制定和实施穿透式监管制度，运用数据采集、智能分析等技术，防范操纵市场行为，维护碳市场稳定运行。进一步规范碳排放监测、报告和核查制度，加强对第三方核查机构、碳交易咨询机构的监督管理，确保碳排放数据的真实性、准确性和交易的规范性、合法性。加强碳排放数据原始台账管理，建立碳市场排放数据质量管理长效机制。加强碳排放数据专项监督执法，依法依规严肃查处数据造假等问题。

（二）推动碳金融集聚发展

（1）构建多层次碳金融产品体系。一是有序构建碳金融衍生产品体系，为碳市场提供套期保值、价格发现与风险管理功能。近期以碳远期、碳掉期等场外衍生品为主，远期逐步转向碳期货、碳期权等场内衍生品开发，形成现货和衍生品、场外和场内共存的格局。二是积极拓展碳金融支持类工具，助推低碳零碳负碳技术革新。推动省碳达峰基金落地见效，或从长江产业投资基金设立引导基金，支持碳市场建设和绿色低碳产业发展。创新运用碳债券、碳保险、碳信托、碳资产支持证券等支持类工具，进一步提高市场流动性。三是分阶段有序推进其他绿色金融产品开发，鼓励发展可持续（ESG）金融、气候投融资等多样化融资形式。制定和落实湖北省排污权、碳汇、绿电等抵质押贷款管理办法，助推其他绿色金融产品开发。开发气候信贷、气候债券、气候基金、气候保险等气候投融资创新产品。推动 ESG、气候投融资与未来产业、数字经济、低碳科技深度融合，实现混合型融资工具迭代更新。

（2）培育多元化碳金融市场主体。一是加强重点控排企业名录管理。根据湖北碳市场扩大覆盖范围情况，定期更新公开重点控排企业名录，加强名录动态管理。二是壮大碳资产管理机构。引导控排企业和非控排企业建立碳资产管理部门和专职岗位，鼓励具备条件的企业设立碳资产管理公司。发挥行业协会功能，提升相关行业整体碳排放绩效和碳资产管理水平。三是支持技术服务机构聚集发展。以武汉为主要集聚地，加大碳市场、碳金融相关咨询、核查、认证、交易、科技等服务机构培育力度，鼓励本地碳金融服务机构发展壮大，支持全国性碳金融服务机构在湖北规范设置管理分支机构及开展业务。四是加快推动重大平台建设。推动组建武汉碳清算所，打造全国性涉碳金融工具清结算基础设施平台，与湖北碳排放权交易中心、中碳登等区域、全国碳金融创新承载平台等形成合力，加快培育中碳资产管理公司、双碳基金公司等"涉碳平台"，吸引各类绿色金融机构集聚，将湖北建成具有全国重要地位和影响力的碳定价中心、碳排放权注册登记结算中心、碳金融数据中心和资金中心，形成立足中部、辐射全国的碳金融生态圈。

（3）防范碳金融风险。一是建立绿色评价体系。依据绿色企业、绿色项目评价指南，探索建立碳信息数据库和项目投资负面清单，为绿色金融统计、标准提供依据。二是健全行业自律机制。提高金融机构管理能力和服务水平，防范价格操纵、内幕交易和过度投机等行为。三是密切关注未来风险。跟踪国内政策调整、国际局势变化对碳金融、碳定价的影响，不断完善制度设计、法律基础、交易规则等。

（三）构建支持绿色低碳发展的长效机制

（1）推进绿色低碳产业集聚发展。一是加快布局"双碳"发展新赛道，壮大新能源汽车、新能源、新材料、绿色环保等产业。重点发展氢燃料电池汽车、智能网联汽车产业。积极引进国际高端知名整车以及国内优势车企在湖北投资布局，加快推进吉利路特斯、东风高端越野车等新能源整车项目达产达效，推动新楚风、华神、万山等氢燃料电池整车项目建设，开展武汉国家"双智"试点、襄阳国家级车联网先导区、汉十高速商用车无人驾驶示范。围绕新能源汽车、新能源、新材料和动力电池产业布局，开发一批资源综合利用先进技术、装备及高附加值产品，推动绿色环保产业集聚发展。二是推动数字技术与绿色低碳产业深度融合，打造算力与大数据产业链。加快建设武钢大数据产业园、中金数谷大数据中心、数智文旅产业云能力中心等一批重点数据中心，加快推动国家超算武汉中心、武汉人工智能计算中心建设应用，布局全省超算产业链。以宜昌三峡东岳庙大数据中心、十堰武当云谷大数据中心为重点，建设零碳绿色大数据中心集群。三是依托碳市场建设，推动低碳服务业集聚发展。以武昌区为核心，加强整体设计和统一规划，建设低碳楼宇和低碳产业园，吸引和培育绿色金融产业链中介服务机构、绿色低碳产业龙头企业、研发机构等入驻，打造绿色设计、绿色建造、碳资产管理、碳审计核查、低碳技术咨询等低碳服务业集群。

（2）建立"碳汇＋"交易机制。推动相关部门协同建立和完善林业、湿地等碳汇计量监测体系，加强方法学研究，准确摸清全省碳汇资源底数。

开发光伏碳减排、林业碳汇、湿地碳汇、沼气碳减排等"碳汇＋"项目，逐步引入农田碳汇、测土配方减碳、矿产资源绿色开发收益共享等其他"碳汇＋"交易内容，探索其他生态保护补偿措施。支持十堰、宜昌、恩施、神农架等地整合碳汇、碳减排项目，打捆开发碳资产，用好"碳汇＋"交易机制，推动碳汇产业链形成。以全国温室气体自愿减排交易市场启动为契机，研究湖北核证自愿减排量（HBCER）管理办法，完善碳汇项目履约抵消机制。引导各地科学参与国际碳减排项目，拓宽境外资金来源渠道。

（3）建立碳普惠制。以武汉为试点主体建立碳普惠体系，示范引领武汉都市圈碳普惠一体化发展。在武汉市碳普惠管理办法的基础上，制定碳普惠核证规范、交易管理等配套政策文件，建立碳普惠标准。依托武汉碳普惠管理有限公司加强碳普惠运营管理和云平台搭建，开设企业和个人碳账户，推动成立碳普惠商家联盟。完善碳普惠产品体系，推动绿色低碳技术、非化石能源、资源综合利用、生态系统碳汇重点领域项目开发，鼓励金融机构开发碳信用卡、碳积分、碳币等创新性碳普惠金融产品，丰富低碳生活、公务等应用场景。推动碳普惠减排量与碳市场、各类试点示范衔接，开展碳普惠减排量交易，畅通碳市场抵消渠道。鼓励各类低碳、近零碳试点单位优先使用碳普惠减排量抵消部分碳排放，鼓励大型活动优先采用碳普惠减排量实现碳中和。

完善政策协同和交流合作机制。一是强化部门协同，出台配套政策。如发改部门可聚焦绿色低碳产业综合服务平台搭建，生态环境部门可聚焦碳市场管理、自愿减排市场培育等，金融部门可聚焦金融产品服务创新、支持绿色金融综合服务平台搭建等。二是谋划推动与其他省市开展自愿减排项目合作和碳金融联合创新。谋划推动中部地区或长江中游城市群自愿减排市场一体化，以武汉为核心发挥碳普惠制"领头羊"作用，加快推动碳普惠平台和体系建设，逐步实现区域自愿减排项目标准化、规范化，提高项目开发积极性，扩大市场规模。谋划推动中部地区或长江中游城市群开展碳金融联合创新，探索建立区域范围内统一绿色项目识别标准、建设区域性环境权益交易市场等。三是探索与其他区域碳市场链接路径。着眼未来碳市场发展趋势，积极推进湖北同美国加州等国外较成熟的区域碳市场链接合作，参与行业减排标准制定，研究建立碳市场连通、碳交易标准、碳交易产品互认等机制。四是密切关注欧盟边境调节机制（CBAM）政策走向，研判对湖北省钢铁、化工等行业的影响。针对我国受 CBAM 影响最大的钢铁、铝出口，主动研判相关行业受到的影响。针对 CBAM 拟增加的有机化学品、塑料、氢、氨等产品，主动研判对湖北省化工产业链的影响。针对湖北省对欧盟出口最多的机电产品，研究碳足迹要求带来的影响。

第六章

大 事 记

2013 年

3 月 5 日~3 月 8 日

由省发改委主办，湖北碳排放权交易中心、湖北经济学院、武汉大学、中国质量认证中心武汉分中心联合举办的"湖北省碳排放权交易试点工作动员暨培训大会"在湖北经济学院召开。纳入我省碳交易体系的 153 家企业代表及各地市州发改委领导共 400 余人参加了会议。

3 月 29 日

中德碳排放权交易研讨会在湖北碳排放权交易中心召开，来自德国 GIZ（德国国际合作机构）和欧盟碳交易有关专家与省发改委、武汉大学、华中科技大学、湖北经济学院、湖北工业大学、中国质量认证中心武汉分中心的领导和专家围绕湖北碳排放权交易体系设计进行了深入交流、探讨。

8 月 20 日

中澳碳排放权交易座谈会在湖北碳排放权交易中心召开。澳大利亚驻上海总领馆副总领事周美琴、澳大利亚驻上海总领馆领事助理李蓓艳，在湖北省人民政府外事侨务办公室领事处领导陪同下出席了本次座谈会。

9 月 11 日

湖北碳排放权交易中心承办了中美碳排放权交易交流合作研讨会。会上，美国环保协会副总裁杜丹德（Daniel J. Dudek）博士率五位美国碳交易专家详细介绍了国际现存排放交易市场概况，对加州 AB32 与湖北和深圳排放交易系统进行了对比分析，最后在湖北碳排放权交易系统的建设方面

（包括排放报告、MRV、配额分配、交易规则、法律法规等方面），中美双方专家展开了深入交流与讨论。

10 月 17 日

湖北碳排放权交易中心与湖北省委党校正式签署碳市场、碳金融中心建设研究合作协议，双方携手研究、设计湖北国家碳金融中心的实施路径。

10 月 29 日

世界自然基金会北京代表处（武汉项目办）朱江主任一行访问湖北碳排放权交易中心，重点考察了湖北碳排放权交易中心碳交易相关工作。

11 月 6 日

省政府法制办副巡视员王桂华、省发展改革委副巡视员董发元一行来湖北碳排放权交易中心，就正在修订待颁布的《湖北省碳排放权交易试点管理办法》调研征求意见。

12 月 20 日

在 2013 年国家低碳城市试点与低碳联盟企业合作对接会上，湖北省首个碳交易试点县——通山县与汉能控股集团有限公司签署低碳发展战略合作协议，合作推进通山县水力、风能、太阳能等绿色能源项目以及农林碳汇资源开发，助推通山县实现低碳转型发展。

2014 年

1 月 21 日

"建立湖北碳排放权交易中心，为打造全国碳金融市场创造条件"被写进湖北省政府工作报告。

2 月 25 日

国家林业局碳市场调研组一行到湖北碳排放权交易中心调研湖北森林碳汇市场。

3 月 24 日

湖北碳排放权交易中心与神农架林区政府达成林业碳汇开发全面合作意向。

4 月 2 日

国家发展改革委副主任解振华、湖北省省委常委、常务副省长王晓东共同为湖北碳排放权交易中心揭牌并鸣钟开市，首日成交量达 51 万吨，成交额 1071 万元。同日，解振华副主任出席湖北碳排放权交易试点工作座谈会，肯定湖北试点工作，鼓励湖北进一步加大探索力度，不断完善制度规则，为建立全国性的碳排放权市场做出更大贡献。

6 月 7 日

湖北碳排放权交易中心举办"中部区域碳市场建设合作研讨会"，携手中部省份建设中部区域碳市场。

7 月 4 日

湖北碳排放权交易中心总交易额突破 1 亿元。

8 月 18 日

湖北碳排放权交易中心举办"林业应对气候变化的机遇与挑战暨林业碳汇开发培训会"，湖北省林业碳汇项目开发全面展开。

9 月 9 日

湖北碳排放权交易中心董事长陈志祥代表中心与兴业银行武汉分行、湖北宜化集团有限责任公司三方签署了碳排放权质押贷款和碳金融战略合作协议，促成全国首单 4000 万元碳排放权质押贷款项目签约，标志着国内碳金融创新取得重大突破。

10 月 17 日

国家林业局碳市场调研组一行到湖北碳排放权交易中心调研湖北森林碳汇市场。

10 月 22 日

英国国会下议院能源及气候变化特别委员会主席蒂姆·叶奥到访湖北碳排放权交易中心调研湖北碳市场，探讨碳金融中英合作。

10 月 29 日

湖北碳排放权交易中心举办"第一期全省沼气开发中国核证减排量项目培训会"，标志湖北省农村沼气 CCER 项目开发工作全面启动。

10 月 31 日

国家发改委气候司马爱民处长到湖北碳排放权交易中心调研，高度肯定湖北碳市场市场化减排和生态补偿机制建设取得的成绩。

11 月 5 日

湖北碳排放权交易中心举办"碳金融服务低碳城镇化、工业化发展研讨会"，会议提出通过建设完善湖北碳金融市场，推动湖北省产业结构优化，带动产业低碳发展，服务低碳城镇化建设。

11 月 12 日

湖北省发展改革委副主任、能源局局长甄建桥到湖北碳排放权交易中心调研，要求湖北碳排放权交易中心在实现市场化手段促进企业减排的同时，要充分挖掘碳市场的功能，加大对碳金融交易产品、能源增量、节能量等产品的研究，加快软硬件平台升级和低碳示范建筑"碳汇大厦"的建设步伐。

11 月 26 日

湖北省碳金融创新项目签约仪式暨全国首支碳基金发布会在湖北碳排放权交易中心举行，发布了全国首支监管部门备案的"碳排放权专项资产管理计划"基金，签署了规模达 20 亿元的全国最大碳债券意向合作协议及总额 4 亿元的碳排放权质押贷款协议。

同日，全省碳市场建设工作汇报会在湖北碳排放权交易中心召开，湖北省副省长许克振出席并讲话，要求中心着力打造"四个平台"：一是完善制度建设，打造依法依规交易平台；二是加大支持力度，打造稳定运行市场平台；三是积极争取碳期货试点，打造金融创新平台；四是推进跨区域碳排放权交易，打造交流合作平台。

湖北碳排放权交易中心举办"碳金融与碳市场建设"沙龙，与会专家围绕碳金融发展机制、碳市场流动性及未来碳金融市场化路径作深入探讨，为湖北碳金融创新与碳市场建设出谋划策。

12 月 8 日

湖北碳排放权交易中心发布《配额托管业务实施细则（试行）》，同日，促成全国首个碳配额托管协议签约。

12 月 11 日

湖北碳排放权交易中心发布《碳排放权交易规则（试行）》。

12 月 31 日

湖北碳排放权交易中心交易总量突破 1000 万吨，交易总额达 2.34 亿元。其中，二级市场交易量 700 万吨，占全国的 48%，居全国第一；交易额 1.6 亿元，占全国的 31%，居全国第一。[①]

2015 年

1 月 27 日

湖北省十二届人大三次会议中，王国生省长在《湖北省政府工作报告》中明确提出"积极开展碳排放权试点"；分组讨论会上，省人大代表马哲军建议"正式启动碳减排权现货远期交易试点，建成全国碳交易市场中心"。

1 月 31 日

"中国环境交易机构合作联盟 2015 年研讨会"在湖北碳排放权交易中心举行，湖北碳排放权交易中心被推选为联盟第二届轮值主席。

2 月 2 日

湖北碳排放权交易中心举办全国首届碳交易模拟大赛，帮助湖北省纳入碳排放管理企业梳理碳资产管理工作思路，普及低碳知识，137 家控排企业代表及 400 余名在校大学生参赛。

2 月 11 日

中国证监会期货监管部主任宋安平、国家发改委气候司副司长蒋兆理一行到湖北碳排放权交易中心调研，肯定湖北碳市场建设取得的成果，认为湖北碳市场运行平稳，碳金融创新成绩突出，并针对试点相关工作提出了指导意见。

3 月 6 日

湖北省碳交易首次履约动员暨核查工作启动会召开，湖北正式启动首年度碳排放核查工作。

3 月 6 日

在全国两会期间，"建设武汉全国碳金融中心、助力'一带一路'低碳

---

① 根据湖北省碳排放权交易中心内部数据整理。

发展"和"关于加快建成全国统一的碳交易市场建议"提案受到了媒体与业界的广泛关注和呼应。

4月2日

国家发改委应对气候变化司李高副司长一行到湖北碳排放权交易中心调研，要求湖北省继续完善碳交易试点工作，做好与全国碳市场衔接相关准备。

4月5日

"支持湖北碳排放权交易中心建设"被写进《长江中游城市群发展规划》。

4月8日

在中国社科院和湖北省人民政府举办的"长江论坛"上，与会专家共同呼吁：将湖北武汉建设成为全国碳金融市场中心，形成与上海、深圳等传统金融中心并行的新兴绿色金融体系，从政策和金融层面支撑实体经济低碳转型发展，助力长江经济带城市群生态环境保护一体化建设，走出一条低碳发展的"绿色崛起"之路。

全国人大常委、财政经济委员会副主任委员、民建中央副主席辜胜阻到湖北碳排放权交易中心调研，建议中心抓住生态文明建设的大好机遇，充分发挥碳定价中心的地位，进一步实现碳市场各方面的社会效益。

5月20日

财政部会计准则委员会狄懿副主任一行到湖北碳排放权交易中心调研碳会计有关工作。

6月4日

湖北碳排放权交易中心完成湖北首单 CCER 在线交易。

6月15日

国家外汇管理局批复同意合格境外投资者参与湖北碳市场，标志湖北碳市场成为当前国内试点中最大的、合格境外投资者可以直接参与的碳市场。海峡两岸首笔自愿碳交易签约仪式在中心举行，海峡两岸在碳交易合作领域取得重大突破。

6月29日

湖北省发展改革委正式印发《关于做好2014年度企业碳排放履约工作的通知》，湖北正式进入第一个履约清缴期。

7月1日

亚东水泥有限公司成为湖北省内碳排放交易首家承担履约责任、完成清缴义务的企业。

7月7日

湖北碳市场刷新全国单日历史成交新纪录，当日总成交量高达64.24万吨，总成交金额1478万元，刷新了湖北碳市场2014年4月2日启动当日创造的全国纪录。

7月10日

湖北碳排放权交易中心承办首届嘉德瑞杯大学生模拟碳交易大赛。全省165家控排企业的代表及湖北工业大学近5000名在校学生参加了此次大赛。

7月24日

国内首个基于中国核证自愿减排量（CCER）的碳众筹产品——"红安县农村户用沼气CCER开发项目"在湖北碳排放权交易中心正式发布，并成功筹集CCER开发资金20万元。

8月11日

湖北省发展改革委副主任、能源局局长甄建桥一行到湖北碳排放权交易中心调研，对湖北首年度履约工作完美收官及湖北碳市场一年来取得的成绩给予了高度肯定。

8月25日

中国进出口银行湖北省分行与湖北碳排放权交易中心签署了碳金融战略合作协议。双方将在绿色信贷和碳金融领域提高合作广度与深度，大力开拓碳金融服务业务。

9月15日

美国西部时间9月15日上午9时，湖北碳排放权交易中心应邀参加首届中美气候领袖峰会。湖北作为中西部地区最具代表性的碳交易试点，在产业结构、经济增长方式等方面与全国碳市场有着极高的相似度，有专家据此指出"中国碳市场，湖北成，则中国成"。

9月24日

首届经纪会员大会在湖北碳排放权交易中心隆重举行，包括众多国内知名碳资产管理机构在内来自全国各地的26家经纪会员机构参加。

10 月 21 日

为推动武汉市产业结构调整，加速城市低碳转型升级，助力武汉市早日实现 2022 年提前达峰的国际承诺，"武汉市工业及城市低碳转型研讨会"在湖北碳排放权交易中心召开。

11 月 3 日

在武汉市承办的 C40 全球城市气候领袖群峰会——"城市低碳责任与行动暨 C40 可持续发展国际论坛"上，湖北碳排放权交易中心与英国驻武汉领事馆签署了英国战术基金合作协议，中英两国将在应对气候变化领域开展一系列新的交流与合作。

11 月 20 日

湖北碳排放权交易中心作为联盟轮值主席在武汉召开"中国环境交易机构合作联盟工作研讨会"。会上，联盟全体会员发布了"全面服务国家碳市场建设与行业自律共同宣言"，预示着全国碳市场建设的帷幕正式拉开。

12 月 2 日

湖北省发改委在宜昌组织召开了全省 2015 年第一期碳资产管理培训会议，来自宜昌、恩施年综合能耗 6 万吨标煤的企业代表以及宜昌、恩施市、县发改系统的负责人共 100 余人参加了会议。

12 月 8 日

湖北碳排放权交易中心应邀参加巴黎气候变化大会。作为嘉宾出席了"中国角边会"，并介绍了湖北碳市场的实施进展和运行经验。

12 月 18 日

国家发改委气候司李高副司长一行到湖北碳排放权交易中心调研湖北碳交易试点建设情况。

2016 年

1 月 23 日

在 2016 年全国碳市场建设加速的新形势下，为达成"把湖北建成全国碳交易中心和碳金融中心"的战略目标，明确公司发展方向与重点工作，提升员工自身能力，湖北碳排放权交易中心组织了"2016 年战略发展头脑风暴"活动。

2月23日

国家发展改革委于2月23日召开了全国发展改革系统碳排放权交易市场建设工作部署电视电话会议。湖北省发展和改革委员会副主任甄建桥作为碳交易试点省市代表做交流发言。

4月27日

在"绿色发展与碳市场建设高峰论坛"上，湖北碳排放权交易中心承建的"全国碳交易能力建设培训中心"正式亮相，同日，全国碳交易能力建设在线培训中心的门户网站也正式上线运行。会议期间，中心设计的全国首个碳排放权现货远期产品正式上线，碳排放权现货远期交易的启动，有助于弥补碳现货市场由于配额交易过度集中、流动性不足造成的价格非合理性波动，有助于降低交易成本、规避远期风险，有助于各类碳金融产品创新，是2017年全国碳市场建设的有益探索，为进一步完善全国碳交易市场体系奠定了坚实基础。

5月12日

全国首单钢铁行业碳资产托管业务近日落地湖北碳市场。

5月16日

湖北碳市场当日配额成交623.79万吨，累计成交量突破亿吨大关。自此，湖北碳市场率先跻身"亿吨俱乐部"，配额交易量与交易额继续稳居全国首位。

6月7日

由国家发改委主办的中美第二次气候智慧型低碳城市峰会在北京开幕。湖北碳排放权交易中心领导作为大会嘉宾，应邀参加并在"碳排放权交易论坛"就湖北碳金融创新分享经验。

6月15日

武汉市首个低碳生活家 + "碳宝包"微信公众号正式在华中农业大学发布。基于"碳币体系"的碳宝包正式上线。

6月29日

中国气候变化事务特别代表、原国家发改委副主任解振华一行在湖北省发改委副主任、省能源局局长甄建桥的陪同下莅临湖北碳排放权交易中心，调研指导湖北碳排放权交易试点工作。他表示，湖北试点为我们全国的碳排放权交易市场建设提供了很好、很丰富的实践经验，对全国碳市场建设具有非常重要的借鉴意义。

7月15日

全国碳交易能力建设培训中心赴云南省安宁市开展首届钢铁行业碳交易能力建设培训。

9月7日

国家应对气候变化战略研究和国际合作中心副主任马爱民一行四人在湖北省发改委田敞处长的陪同下莅临湖北碳排放权交易中心调研。

9月20日~9月22日

首届全国碳市场核查员暨讲师培训在汉举行，全国碳交易能力建设中心携手中国质量认证中心在武汉举办为期三天的首届全国碳市场核查员暨讲师培训。

9月26日

由英国驻武汉总领事馆、湖北省委党校、湖北碳排放权交易中心联合举办的中英碳市场建设学术座谈会在中心召开。

11月1日

全国碳交易能力建设培训中心助力内蒙古自治区（东部地区）组织召开发展改革系统碳交易基础能力建设培训。

11月7日

已由世界74个国家签署，应对气候变化的《巴黎协定》于今日起正式生效。

11月18日

在2016年中国长江论坛——全国碳市场建设与绿色金融创新分论坛上，湖北碳排放权交易中心与平安财产保险湖北分公司签署了"碳保险"开发战略合作协议。此次协议的签订标志着全国首单"碳保险"正式落地湖北。

12月1日

全国碳交易能力建设培训中心和贵州省发改委在湖北武汉组织开展了贵州省重点排放企业碳交易能力建设高级培训会。

12月8日~12月9日

中国石油和化学工业联合会、中国低碳联盟和全国碳交易能力建设培训中心联合举办的"石化和化工企业全国碳交易能力建设高级研修班"在汉召开。

12月16日

国务院参事室特约研究员、国家应对气候变化专家委员会副主任何建坤一行莅临湖北碳排放权交易中心，调研指导湖北碳排放权交易试点工作。

2017 年

2月17日

湖北省节能监察中心主任段应祥一行五人莅临湖北碳排放权交易中心，调研了湖北碳市场建设工作。

6月2日

湖北省人民政府在武昌洪山礼堂隆重召开"第四届湖北省环境保护政府奖颁奖暨'六·五'环境日纪念大会"。湖北碳排放权交易中心被授予2017年度"湖北省环境保护政府奖"集体荣誉称号，陈志祥董事长代表中心上台领奖。

6月13日

是第27个全国节能宣传周，湖北碳排放权交易中心积极参加了由湖北省发展改革委举办的2017年全省节能宣传周和低碳日活动启动仪式。由湖北碳排放权交易中心开发的低碳生活服务类App——"碳宝包"，也正式上线。

6月22日

国管局节能司副司长洪波率国家能源总量和强度"双控"及控制温室气体排放工作考核组一行8人莅临湖北碳排放权交易中心考察。

6月23日

湖北碳排放权交易中心增资扩股签约仪式在省政府隆重举行，省委常委、常务副省长黄楚平、副省长周先旺出席并见证签约。

8月4日

湖北省人民政府副省长周先旺一行，在湖北省人民政府国有资产监督管理委员会副主任胡铁军的陪同下莅临湖北碳排放权交易中心，调研企业发展情况以及湖北省碳排放权交易工作。

8月18日

湖北碳排放权交易中心与中国地质大学（武汉）经济管理学院为合作共建的中国地质大学产学研基地举行揭牌仪式。

9月4日~9月7日

湖北碳排放权交易中心与中国——东盟环境保护合作中心、美国环保协会，联合主办的为期4天的"绿色发展与应对气候变化专题研讨会"。来自文莱、印度尼西亚、巴基斯坦、斯里兰卡等10个国家的环保部门和研究机构代表、专家学者等30余人受邀参会。

9月12日

"未来的城市 低碳交通国际论坛——第二届C40城市可持续发展论坛"开幕式上，国家气候变化专家委员会副主任何建坤教授和湖北碳排放权交易中心董事长陈志祥，一同为由湖北碳排放权交易中心和武汉碳减排协会共同倡议发起的自愿碳交易专家委员会揭牌。

11月6日

湖北碳排放权交易中心受邀出席《联合国气候变化框架公约》缔约方第23届会议（COP23）。德国波恩时间11月14日，董事长陈志祥受联合国邀请，出席本届气候变化大会中国角边会，并做了"湖北碳市场制度设计特点及借鉴意义"的主题发言。

11月15日~11月20日

由国家发展改革委主任、中国气象局气象干部培训学院和湖北碳排放权交易中心承办的"2017年适应气候变化国际培训班"在汉召开。来自厄瓜多尔、乌克兰、埃及等19个南南国家的政府和科研机构代表等30余人参加此次培训。

12月19日

国家发展改革委组织召开全国碳排放交易体系启动工作电视电话会议，并宣布由湖北省牵头承担全国碳排放权注册登记系统建设与运维任务。湖北碳排放权交易中心将按照国家发展改革委的统一部署，服务好全国碳排放权交易市场建设。

同日，全国碳排放权注册登记系统数据中心——"碳汇大厦"建设项目在武昌区中北路青鱼嘴项目现场举行奠基仪式。

2018 年

1 月 26 日

为贯彻落实《中共中央　国务院关于打赢脱贫攻坚战的决定》《"十三五"脱贫攻坚规划》精神，1 月 18 日，6 部门共同印发了《生态扶贫工作方案》，湖北碳排放权交易中心精准扶贫工作走在全国前列。

3 月 26 日

加拿大驻华大使馆参赞雷平江一行来湖北碳排放权交易中心调研，双方就湖北碳市场与魁北克碳市场在设计目标、覆盖范围等方面的异同进行了交流探讨，并期待今后在绿色金融、碳市场建设、市场链接、技术转移等方面开展更多合作。

3 月 27 日

美国驻华大使馆环境科技卫生参赞瑞寒士一行来访，湖北碳排放权交易中心副总经理张杲接待并座谈。双方就碳市场建设与管理的重点问题进行了交流。

5 月 28 日

由武汉市科技局指导，湖北碳排放权交易中心、武汉知识产权交易所、湖北环境资源交易中心、全国碳交易能力建设培训中心共同开展的"系列环境污染防治科技成果对接会—水污染防治技术专场暨企业碳交易能力建设培训"活动在湖北碳排放权交易中心会议室举行。

5 月 30 日

"绿色低碳，让城市生活更美好——中美绿色合作湖北绿色低碳行动计划座谈会"在湖北碳排放权交易中心顺利召开。会上，湖北碳排放权交易中心和中美绿色基金、东方低碳共同宣布启动"中美绿色合作湖北绿色低碳行动计划"，旨在两年内完成 30 个"中美绿色基金建筑和工业节能示范项目"，为湖北省绿色低碳发展注入新动能。

6 月 13 日

湖北碳排放权交易中心受邀参加了全国低碳日碳市场经验交流活动，活动以习近平生态文明思想为指导，对推进全国碳市场建设进行深入探讨。

9 月 20 日

第二届气候变化经济学学术研讨会在武汉召开。研讨会上，专家学者围绕气候变化的经济影响、气候变化与产业变革、气候政策与低碳技术创新、碳价格波动及其稳定机制、摊销率的测算及其影响因素等议题展开讨论，充分肯定了碳市场对我国经济低碳转型的作用，对我国产业变革、城市化进程、"一带一路"政策影响深远。

9 月 21 日

第五届市场导向的绿色低碳发展国际研讨会在武汉召开。会议期间，来自中国社会科学院、清华大学、新加坡国立大学、浙江大学、南京大学、武汉大学等国内外知名高校、研究机构及政府的 120 多位专家学者围绕"碳市场驱动可再生能源发展"这一主题展开了深入的研讨与交流。

12 月 10 日

湖北碳排放权交易中心受邀参加由生态环境部应对气候变化司、国家气候战略中心、世界银行、国际能源署、亚洲开发银行、美国能源基金会联合主办的"中国角"碳市场边会活动。解振华表示，气候变化是全人类共同面临的严峻挑战。积极应对气候变化、推动绿色低碳发展，已经成为全球共识和大势所趋。下一步，将继续完善碳市场的相关制度和机制体制建设、开展能力建设，建设有国际影响力的碳市场。

2019 年

3 月 6 日

泰国国家温室气体管理局（Thailand Greenhouse Gas Mangement Organization，TGO）董事会主席库鲁吉特·纳空塔普（Mr. Kurujit Nakornthap）一行莅临湖北碳排放权交易中心考察交流，双方对碳市场建设的具体细节进行了探讨交流。

3 月 27 日

由湖北碳排放权交易中心与芬兰大使馆、芬兰国家商务促进局共同举办的"湖北省与芬兰环境资源产业交流座谈会"在北京芬兰大使官邸成功举行。来自芬兰国家商务促进局的能源项目高级官员米卡·芬斯卡（Mika Finska）先生首先介绍了芬兰智慧能源的总体情况；湖北碳排放权交易中心领导也向芬方与会代表详细介绍了双方合作的重点项目——"长江国际低碳产业园"。

5 月 29 日

美国环保协会"气候拓新者培训会"在湖北碳排放权交易中心顺利召开。此次气候拓新者培训为期三天，培训内容围绕碳市场原理、湖北碳市场经验及企业能源管理、环境合规等知识讲解，并在培训中穿插了前往企业实地了解企业生产用能、能源管理等情况的环节，由老师现场指导答疑。

8 月 15 日

湖北省能源局能源监管处处长冉述楣携华中科技大学娄素华教授一行到湖北碳排放权交易中心，就"湖北省'十四五'能源绿色发展机制研究"课题调研湖北碳市场运行情况。

9 月 23 日

为了应对气候变化和兑现"巴黎协定"，联合国秘书长安东尼奥·古特雷斯于 9 月 23 日在美国纽约召开联合国气候行动峰会。来自中国与美国碳市场相关的 30 多位专家汇聚一堂，共同分享两国电力行业参与碳市场的经验，围绕"一带一路"背景下政府、企业在碳定价机制方面的角色的作用充分地展开了讨论。

10 月 18 日

生态环境部部长李干杰一行莅临湖北碳排放权交易中心，调研湖北省碳排放权交易市场及全国碳排放权注册登记系统建设工作。

12 月 11 日

由生态环境部举办的"碳交易体系建设的政策制度设计思路与进展主题边会于当地时间 12 月 11 日在马德里 25 届联合国气候变化大会中国角举行。生态环境部副部长赵英民为边会做了开幕致辞，继续强调中国坚持巴黎协定、积极应对气候变化的决心，以及碳市场在应对气候变化工作中的重要地位，并希望继续和各方进行合作。

2020 年

8 月 18 日

湖北省人大常委会党组副书记、副主任王建鸣一行莅临湖北碳排放权交易中心调研碳市场建设工作。王建鸣副主任对湖北碳排放权交易中心和"中碳登"建设的各项工作给予了肯定，并表示我们要高度重视应对气候变化工作，这是全球人类共同关注的话题，也是中国可持续发展、绿色发展的内在需要，更是彰显大国担当、推动构建人类命运共同体的责任与使命。

9 月 8 日

湖北碳排放权交易中心召开"绿产业联盟"专家研讨会，联盟相关专家代表受邀出席会议并就如何推进湖北绿色产业发展进行了研讨。

2021 年

2 月 2 日

湖北省人民政府副省长赵海山一行，在湖北碳排放权交易中心董事长曾庆祝的陪同下莅临湖北碳排放权交易中心，调研湖北省碳减排工作，省政府办公厅、省生态环境厅、省发改委、省财政厅相关负责人陪同调研。

2 月 26 日

生态环境部部长黄润秋一行，在湖北省政府副省长赵海山的陪同下莅临湖北碳排放权交易中心，调研湖北省碳排放权交易试点工作及全国碳排放权注册登记系统建设情况。

4 月 6 日

湖北省委常委、武汉市委书记王忠林一行，在省生态环境厅副厅长周水华的陪同下莅临湖北碳排放权交易中心，调研湖北省碳排放权交易市场及全国碳排放权注册登记系统建设工作。

4 月 13 日

武汉市人民政府副市长刘子清一行莅临湖北碳排放权交易中心，调研湖北省碳排放权交易市场及全国碳排放权注册登记系统建设工作。

5月14日

武汉市委副书记、市政府市长程用文一行莅临湖北碳排放权交易中心，调研湖北省碳排放权交易市场及全国碳排放权注册登记系统建设工作。

5月19日

生态环境部气候司李高司长一行在湖北省生态环境厅吕文艳厅长的陪同下，调研全国碳排放权注册登记系统建设工作，生态环境部气候司、环境发展中心、战略中心、信息中心、评估中心、湖北省生态环境厅、汉口银行等相关负责人陪同调研。

7月16日

全国碳排放权交易市场上线交易启动仪式以视频连线形式举行，在北京设主会场，在上海和湖北设分会场。

中共中央政治局常委、国务院副总理韩正在北京主会场出席仪式，并宣布全国碳市场上线交易正式启动。中共中央政治局委员、上海市委书记李强在上海分会场出席启动仪式并致辞。生态环境部党组书记孙金龙主持启动仪式，并介绍有关情况。生态环境部部长黄润秋、湖北省委书记应勇分别在北京主会场和湖北分会场出席启动仪式并致辞。

武汉市政府分别与各大参会金融机构、产业资本共同签约武汉碳达峰基金和武汉碳中和基金，两只基金的规模均为100亿元。

12月1日

林郑月娥特首率领香港特区政府代表团一行在湖北省政府副省长赵海山的陪同下莅临湖北碳排放权交易中心调研。

12月31日

根据北京国化石油和化工中小企业服务中心（以下简称"服务中心"）《关于公示碳排放管理员职业能力建设基地（2021）名单的通知》，湖北碳排放权交易中心成功获批国家碳排放管理员职业能力建设基地。

2022年

2月10日

湖北省委副书记、省长王忠林、副省长赵海山、宁咏一行到湖北碳排放权交易中心，调研"双碳"科技创新和碳市场建设工作。

王忠林指出，要切实提高认识，全力加快碳市场建设，更好赋能湖北高质量发展、切实建好用好全国碳排放权注册登记系统这一国家级功能平台、切实加强探索创新、切实推动绿色低碳产业发展、切实形成工作合力、切实加大对外宣传力度。

2 月 16 日

湖北碳排放权交易中心辅助中国环境保护集团与中国国际经济交流中心完成了"区块链＋碳核证课题"的验证工作，协助中国环境保护集团旗下中节能（宿迁）生物质能发电有限公司和华能集团所属中安能（海南）公司完成了全国首单区块链技术核证碳资产 BCCER 的交易。

3 月 17 日

瑞穗银行（中国）有限公司武汉分行松嵜贵洋行长一行到访湖北碳排放权交易中心洽谈合作。座谈会上，宏泰集团党委副书记、总经理陈志祥介绍了宏泰集团相关情况，湖北碳排放权交易中心党委书记、董事长朱国辉、副总经理杨光星分别介绍了碳交中心发展历程及湖北试点碳市场交易运营情况。

松嵜贵洋行长对碳交中心在湖北碳市场建设工作上取得的显著成效表示高度赞赏。双方就合作意向进行了深入交流，为下一步进行深度合作奠定了坚实的基础。

4 月 14 日

湖北省政协副主席王红玲到集团调研碳市场建设和碳金融工作。

王红玲对湖北碳排放权交易中心当前取得的成绩予以充分肯定，对未来发展需要解决的重要问题进行深入分析。她说，"双碳"战略是国家的重大战略，是广泛而深刻的系统性变革，具有远大的发展前景。

5 月 7 日

武汉市委副书记、市长程用文一行到集团碳排放权登记结算（武汉）有限责任公司（以下简称"中碳登"）和湖北碳排放权交易中心，调研碳市场建设与碳金融工作并召开座谈会。集团党委书记、董事长曾鑫接待了调研组一行，集团党委副书记、总经理陈志祥陪同接待并参加座谈。

程用文对宏泰集团统筹推进碳市场和碳金融的工作成效表示肯定。他强调，要深入贯彻习近平生态文明思想，全面落实党中央、国务院决策部署，按照省委、省政府和市委工作要求，高标准服务推动"中碳登"建设，全力提升武汉的全国碳交易市场核心枢纽功能，加快构建绿色低碳产业体系，奋力打造全国碳金融中心，为全国生态文明建设、"双碳"战略实施贡献武汉力量。

5 月 20 日

湖北碳排放权交易中心"2022 年第一期碳排放管理培训结业及授证仪式"在中心大厅顺利举行。来自金融机构、高校和企业等 20 多名学员接受第一期碳排放相关知识的培训，并顺利通过了考试。

8 月 10 日

由中国人民银行武汉分行、湖北省生态环境厅、中国银行保险监督管理委员会湖北监管局联合主办的湖北省排污权抵质押集中登记（冻结）启动仪式在湖北环境资源交易中心举办。

11 月 5 日～11 月 11 日

第五届中国国际进口博览会在上海举行。本届进博会共有 145 个国家、地区和国际组织参展，284 家世界 500 强和行业龙头参加企业商业展。湖北碳排放权交易中心受湖北省商务厅邀请参加"中国这十年"对外开放成就展湖北展区展览。

2023 年

1 月 4 日

由首钢集团有限公司矿业公司、东北大学、武汉科技大学、湖北碳排放权交易中心联合完成的"杏山铁矿低碳高效开采技术研究与应用"科研项目，通过中国钢铁工业协会组织的专家评审，由中国工程院院士领衔的评价委员会一致认为，该项目成果总体达到国际领先水平。

1 月 30 日

为配合武汉市生态环境局启动武汉市碳普惠体系建设工作，湖北碳排放权交易中心成立了武汉碳普惠管理有限公司，参与了《碳普惠方案（征求意见稿）》的起草工作。

2 月 14 日

中国建筑标准设计研究院有限公司党委书记、董事长李存东一行来湖北碳排放权交易中心调研。双方就建筑碳排放计量、减碳量认证、建材碳足迹、碳标签等业务开展深入研讨。双方表示，今后将加强在绿色建材认证、建筑碳排放计量标准、零碳园区技术标准等领域的合作，为"双碳"目标的实现贡献力量。

3 月 15 日

中国计量科学研究院党委副书记、院长，中国计量测试学会副理事长方向一行到中碳登、湖北碳排放权交易中心洽谈交流。方向对宏泰集团在碳市场建设、碳金融创新等方面的措施和成效表示高度赞赏，并介绍了中国计量科学研究院在国家经济建设、社会发展和科技进步中发挥的重要支撑作用。随后，双方就碳相关测量技术和方法研究、碳计量标准体系制定、国际标准研究和碳计量培训、碳计量科技成果转化、计量创新企业培育等方面开展合作进行了深入交流。

3 月 27 日

湖北碳排放权交易中心、湖北中碳资管与国家市场监管总局认证认可技术研究中心签订战略合作协议。

3 月 27 日

湖北试点碳市场完成首笔在《湖北省碳排放权质押贷款操作指引（暂行）》政策下的碳排放权质押贷款，这也是湖北首次基于预分配配额的碳金融创新。在湖北碳排放权交易中心指引下，黄石东贝铸造以自有预分配配额作为质押物，从民生银行武汉分行获得 300 万元的质押贷款。

4 月 4 日

武汉市人民政府办公厅印发《武汉市碳普惠体系建设实施方案（2023—2025 年）》，武汉碳普惠管理有限公司作为武汉市碳普惠管理机构，将按照相关要求履行机构职责，推动形成绿色低碳的生产生活方式为加快建设人与自然和谐共生的美丽武汉提供有力支撑。

4 月 7 日

中国民用机场协会理事长、"双碳机场"评价工作委员会主任王瑞萍到访湖北碳排放权交易中心，王瑞萍对湖北宏泰集团在试点和全国"两个碳市场"建设取得的成绩表示充分肯定，希望依托宏泰集团的先进经验和完善的服务体系，开展全面务实合作，共同推进机场协会会员单位"双碳"工作，助力全国实现"双碳"目标。

4 月 13 日

中国标准化研究院副院长汤万金一行到湖北碳排放权交易中心调研。汤万金对宏泰集团在碳市场建设、碳金融创新等标准化方面的探索和成效表示高度赞赏，了解了整个碳市场全过程管理的标准化需求。

4 月 14 日

湖北碳排放权交易中心、湖北中碳资管与中央财经大学绿色金融国际研究院、中财绿指（北京）信息咨询有限公司签订合作协议。合作方将围绕学术共建、服务创新、能力建设等方面开展相关合作。

4 月 16 日

2023 年武汉马拉松（以下简称"汉马"）鸣枪开跑。这是史上首次"碳中和"汉马，经武汉碳普惠管理有限公司盘查，会产生 1000 多吨二氧化碳排放，由武汉钢铁有限公司自愿捐赠 1000 吨二氧化碳减排量去实现碳中和，湖北碳排放权交易中心将出具《碳中和荣誉证书》对本次碳中和行为进行认证。

4 月 27 日

由中国地质大学（武汉）经济管理学院、湖北碳排放权交易中心、武汉碳普惠管理有限公司共同组建的"碳中和人才就业工程实训基地"正式揭牌。此次揭牌仪式标志着双方即将开启校企合作共建的新篇章，为碳中和人才发展提供更加广阔的空间和更加有力的支持。在双方的共同努力下，这一基地将成为双碳领域人才培养、技术创新和产业发展的重要基地。

5 月 11 日

湖北省政府副秘书长李金坤一行莅临湖北碳排放权交易中心调研湖北试点碳市场建设工作。李金坤充分肯定中心对湖北碳市场建设做出的贡献，并指出，下一步，中心应充分把握机遇、立足优势，开拓创新，做优做强湖北碳市场，充分发挥先行先试作用，贯彻落实省委省政府加快打造全国碳市场中心和碳金融中心的指示精神，为全国碳达峰、碳中和工作贡献湖北经验。

5月22日

赣州市政府副市长邹治宇一行莅临湖北碳排放权交易中心调研。邹治宇肯定了宏泰集团在碳市场建设方面的工作成绩，希望双方在碳市场制度体系建设、机构组建、碳普惠建设等方面开展深度合作，推动赣州市碳达峰碳中和工作。

6月2日

2023年六五环境日活动上，武汉市生态环境局局长张朝辉、湖北碳排放权交易中心有限公司董事长吴玉祥为武汉碳普惠管理有限公司揭牌。武汉碳普惠综合服务平台公测版正式上线。

6月5日

武汉碳普惠管理有限公司、中碳教育科技（武汉）有限公司、武汉职业技术学院三方共同签署了《共建碳普惠应用产业学院战略合作协议》，致力于打造全国首家专业培养碳普惠应用型人才的产业学院。

6月5日

由中国宝武钢铁集团主办、湖北碳排放权交易中心承办的"双碳"高端人才、碳市场建设及碳资产管理培训班在武汉顺利开班，宝武集团一级子公司及下属各单元"双碳"工作分管领导、"双碳"职能部门领导及核心骨干近100人参加培训。

6月12日

路易达孚集团双碳事业部全球总裁Nyame De Groot一行来访湖北碳排放权交易中心，集团党委委员、副总经理，湖北碳排放权交易中心党委书记、董事长吴玉祥接待了Nyame De Groot一行，陪同参观了中碳登大厦展厅并举行座谈交流。双方就绿色金融创新、低碳项目开发及中国碳市场国际化建设等方面进行了深入交流。

7月7日

湖北碳排放权交易中心举办首届"携手湖北碳市 共商共建共赢"会员机构交流会。来自全国30家会员机构的55名代表参会。

7月12日

正值"全国低碳日"，湖北碳排放权交易中心、武汉碳普惠公司助力全国首个碳（服务）便利店 – 有家碳（服务）便利店在中碳登大厦正式揭牌。

7 月 12 日

2023 年全国低碳日武汉市主场发布会在江汉区文体中心顺利举行。本次活动以"积极应对气候变化,推动绿色低碳发展"为主题,由武汉市生态环境局、江汉区人民政府联合主办,武汉碳普惠管理有限公司、北湖街道办事处、蚂蚁科技集团股份有限公司共同承办。活动现场,武汉市生态环境局公开征集了碳普惠方法学及开发意向,武汉碳普惠管理有限公司发布了《武汉市碳普惠方法学开发可行性评价指南》,为武汉市打造高质量碳普惠方法学体系提供了技术支持。

7 月 28 日

湖北中碳资产管理有限公司与英山县九昇城发集团签订了英山县林业碳汇资源合作开发协议。根据协议,双方将深入贯彻落实习近平生态文明思想,以"绿水青山就是金山银山"理念为指导,充分利用当地林业资源优势,发挥湖北碳排放权交易中心平台优势和专业能力,助力英山县高质量开发林业碳汇资源,积极推动生态效应转化为社会效应和经济效应,大力支持英山实现生态发展和绿色崛起。

8 月 15 日

首个"全国生态日",为践行"两山"发展理念,提升市民生态文明意识,"武碳江湖"创新公益模式,上线以"碳"代捐低碳活动板块,鼓励市民开通个人碳账户、积攒碳普惠减排量,以捐赠减排量给"长江有鱼"公益项目的方式参与长江生态环境保护,守护生命长江。

8 月 23 日

省司法厅党委书记、厅长龚举文,党委委员、副厅长曾群,省生态环境厅党组书记、厅长何开文,二级巡视员田啟莅临湖北碳排放权交易中心和中碳登,就《湖北省碳排放权交易管理暂行办法》立法工作开展调研,并召开座谈会。宏泰集团党委副书记、总经理、中碳登党委书记、董事长陈志祥,湖北碳排放权交易中心党委副书记、总经理何昌福陪同调研。

9 月 2 日

2023 年中国国际服务贸易交易会在北京盛大开幕。武汉碳普惠管理有限公司作为湖北区域"双碳"领域代表企业参展,向世界展示了个人低碳生活平台"武碳江湖"小程序、企业在线碳核算平台、金融机构碳核算报告平台等多个数字化低碳管理平台。湖北省政府副省长、党组成员陈平莅临碳普惠公司展位，对小程序"量化减排＋正向激励"的运行机制和运营成效表示了肯定，她鼓励碳普惠公司利用技术优势为湖北"双碳"事业作出更大贡献。

9 月 3 日

由湖北宏泰集团与中国服务贸易协会联合主办，湖北碳排放权交易中心和湖北中碳资产管理公司共同承办的"2023 全球碳市场发展论坛"，在北京国家会议中心成功举办。这是 2023 年中国国际服务贸易交易会的专题论坛，也是湖北首次在服贸会上承办"双碳"主题论坛。论坛上，中碳质量（北京）标准技术有限公司、中碳教育科技（武汉）有限公司正式揭牌，发布了建筑碳排放监测云平台、金融机构碳核算平台、"极光"数字化学习平台。

9 月 14 日 ~ 9 月 15 日

中碳教育公司在湖北省市场监督局培训中心顺利举办第一期"碳中和规划师"专题培训，特邀多位知名"双碳"领域专家，围绕零碳园区的规划、建设等相关专题知识做了深入讲解。

9 月 18 日

首都经济贸易大学党委副书记、校长吴卫星一行莅临湖北碳排放权交易中心调研。吴卫星高度认可宏泰集团在建设全国和湖北两个碳市场所取得的成绩，认为碳市场建设对服务国家实现碳达峰、碳中和战略目标具有重要意义。双方围绕开展"双碳"研究、加强课题项目合作和人才培养等方面进行了深入交流。

9 月 18 日

中国钢铁工业协会、中国金属学会发布 2023 年冶金科学技术奖公告，湖北碳排放权交易中心联合首钢集团、东北大学、武汉科技大学完成的"杏山铁矿低碳高效开采技术研究与应用"荣获一等奖。

9 月 20 日

湖北省市场监督管理局办公室印发《湖北区域碳市场水泥行业碳排放计量试点工作方案》。水泥行业碳排放计量试点工作中湖北省市场监管局负责统筹协调，湖北碳排放权交易中心负责数据分析工作。

10 月 17 日

中国进出口银行湖北省分行与湖北宜化集团有限责任公司、湖北楚星化工股份有限公司签署三方碳排放权质押贷款协议，为企业融资 6 亿元。这是自湖北基于预分配配额开展碳金融创新业务以来，首笔融资金额超亿元的碳排放权质押贷款。

10 月 18 日

湖北省市场监督管理局办公室印发《湖北区域碳市场电力行业碳排放计量试点工作方案》。电力行业碳排放计量试点工作中湖北碳排放权交易中心负责提供碳市场及企业碳核算数据，开展碳核算与在线碳计量数据比对分析。

11 月 3 日

湖北碳排放权交易中心联合湖北联投集团举办湖北省绿色融资企业（项目）座谈会暨首批湖北省绿色融资企业授牌仪式。联投集团所属的武汉光谷环保科技股份公司和长江智慧分布式能源公司成为首批获评的湖北绿色融资（深绿）企业。

11 月 4 日

湖北省副省长陈平赴招商银行武汉长江绿色支行调研绿色金融工作。招商银行武汉长江绿色支行于 10 月取得湖北碳排放权交易中心颁发的《碳中和证书》。11 月，武汉长江绿色支行正式挂牌启动。该支行是招商银行湖北首家绿色支行，也是招商银行全国第一家《碳中和证书》持证网点。

11 月 9 日

由中国建筑材料联合会主办，北京国建联信认证中心、湖北碳排放权交易中心及湖北中碳资管承办的"水泥行业碳市场模拟盘交易暨碳市场能力建设培训"理论培训班正式开班。

11 月 14 日

湖北碳排放权交易中心、湖北中碳资产管理有限公司、老河口市人民法院三方成功签订《"双碳"领域创新生态环境司法保护方式合作协议》，开启"以碳代偿"生态环境修复新模式。

11 月 27 日

湖北省政协副秘书长、九三学社中央委员、九三学社湖北省委专职副主委付文芳，带领九三学社省直属片区、徐东青山片区、汉阳片区的社员们走进湖北碳排放权交易中心，考察碳市场建设。付文芳充分肯定了全国碳市场和湖北碳市场建设成绩。她表示，"双碳"目标是国家重大战略，下一步要继续加强与湖北碳排放权交易中心的沟通交流，围绕碳市场建设、低碳产业发展等方面积极建言献策。

11 月 30 日

武汉市生态环境局发布《武汉市分布式光伏发电项目运行碳普惠方法学（试行）》《武汉市规模化家禽粪污资源化利用碳普惠方法学（试行）》《武汉市基于电力需求响应的居民低碳用电碳普惠方法学（试行）》。首批方法学的发布为武汉市碳普惠减排项目或个人碳减排场景的核算核查提供了依据。

12 月 1 日

由中国建筑材料联合会主办，湖北碳排放权交易中心、湖北中碳资管及北京国建联信认证中心承办的水泥行业企业碳市场模拟盘交易正式启动，110 余家水泥生产企业代表线上参与了模拟交易启动仪式。

12 月 4 日

湖北碳排放权交易中心举办"聚'绿'成金·'碳'话未来"系列会员沙龙第一期活动。来自全国 25 家会员机构的 43 名代表参会。

12 月 8 日~12 月 9 日

在武汉市生态环境局、武汉市东湖生态旅游风景区文化旅游体育局、武汉市生态环境局东湖生态旅游风景区分局指导下，湖北碳排放权交易中心、武汉碳普惠管理有限公司在东湖绿道开展"碳索江湖－东湖（第二站）"绿色低碳宣教打卡活动。

12 月 26 日

武汉三镇实业控股股份有限公司通过湖北碳排放权交易中心完成首笔碳普惠减排量交易。三镇实业购买的 7609 吨碳普惠减排量已用于抵消其部分 2022 年度实际碳排放量，成为湖北碳市场第一个使用碳普惠减排量完成履约的企业。

12 月 25 日

"中国对外贸易碳成本指数（钢铁）"专家研讨会在湖北碳排放权交易

中心举行。经研讨，与会专家一致认为，"中国对外贸易碳成本指数（钢铁）"数据翔实，开发工作规范，对促进我国钢铁企业提升应对外部气候政策有积极作用，具备开发衍生品潜力，应用前景广阔。

12 月 28 日

湖北碳排放权交易中心、兴业银行助力湖北省首笔绿色融资企业评价挂钩的可持续发展贷款落地襄阳。

12 月 29 日

湖北统一环境权益交易平台正式上线，该平台是全国范围内首家省级统一环境权益交易平台，进一步拓展了湖北碳市场交易和登记系统平台功能，整合碳排放权、排污权和矿业权交易，并积极拓展用能权、用水权等交易产品，实现了统一账户管理、统一产品管理、统一核心交易、统一终端管理。

2024 年

1 月 10 日

在湖北碳排放权交易中心党委副书记、总经理何昌福和南京城建集团党委副书记、总经理龚成林的共同见证下，湖北碳排放权交易中心所属平台武汉碳普惠公司董事长刘树，南京城建集团所属企业南京环境集团董事长刘劲驰，分别代表双方签署了战略合作协议。

1 月 24 日

中国人民银行湖北省分行召开 2024 年第一季度例行新闻发布会。会上，湖北省金融学会宣布已正式发布该学会首个团体标准《湖北省绿色票据认定指南》（T/HBFS 001 - 2023）。该指南由人民银行湖北省分行提出并归口，招商银行武汉分行牵头起草，中国人民银行湖北省分行、农业银行湖北省分行、湖北碳排放权交易中心、中央财经大学绿色金融国际研究院共同参与制定。

1 月 26 日

中国人民银行鄂州市分行联合湖北碳排放权交易中心举办湖北绿色融资企业（项目）评价工作推进会。

2月22日

苏美达股份有限公司党委副书记、总经理赵维林一行赴中碳登大厦开展业务交流，湖北宏泰集团党委副书记、总经理陈志祥，湖北碳排放权交易中心党委副书记、总经理何昌福接待了赵维林一行，陪同参观了中碳登展示大厅并进行座谈交流。

2月27日

在中国银行2024年武汉马拉松新闻通气会上，宣布本届"汉马"碳中和活动正式启动。2024年"汉马"与武汉碳普惠管理有限公司再度携手，首次通过个人捐献碳普惠减排量进行汉马碳中和，人人都可成为"零碳汉马"的践行者、参与者、倡导者。

3月8日

招商银行武汉分行联合中信证券股份有限公司，与深圳市东阳光实业发展有限公司下属的两家湖北碳市场纳入企业，完成2024年湖北碳市场首单碳配额回购交易，合计为企业融资超2000万元。该业务既是湖北碳市场首笔银－证－企三方创新协同开展的碳配额融资业务，也是湖北碳市场首笔以集团为整体开展的碳配额回购业务。

3月14日

湖北碳排放权交易中心所属企业中碳教育携手双碳人才网、嘉潍律所，在京共同举办全国首期"碳市场法律合规研讨会"活动。

3月19日

山东省绿色资本投资集团有限公司副总经理苏辛格一行到访中碳登大厦开展业务交流，湖北宏泰集团党委委员、副总经理，湖北碳排放权交易中心党委书记、董事长吴玉祥，宏泰集团高管卢国洪接待了苏辛格一行，并进行座谈交流。

3月21日

由湖北省生态环境厅主办、中碳登承办、湖北碳排放权交易中心协办的"碳市场—条例—办法"宣贯培训班在中碳登大厦成功召开。来自国家气候战略中心、省生态环境厅、省环科院以及湖北省各市州生态环境主管部门、湖北地区重点控排企业的代表近200人参加，共研双碳政策、共促低碳发展。

3月21日~3月22日

北湖街道组织C40城市气候领导联盟、武汉市江汉区委人才办、江汉区人民政府北湖街道办事处与武汉碳普惠管理有限公司组成"C40竞赛宣讲团"走进武汉大学、江汉大学、武汉轻工大学等高校，鼓励在汉高校大学生积极参与"学生重塑城市全球竞赛"，为低碳城市发展提出创新想法和切实解决方案，推动全球低碳发展。

参 考 文 献

［1］齐绍洲、程思、杨光星：《全球主要碳市场制度研究》，人民出版社 2019 年版。

［2］陈星星：《全球成熟碳排放权交易市场运行机制的经验启示》，载于《江汉学术》2022 年第 6 期。

［3］何红卫、乐明凯：《争创全国碳金融中心　促进国家"双碳"战略实施——访全国政协委员，湖北省政协副主席王红玲》，载于《湖北政协》。

［4］何可：《激发低碳农业内生发展动力》，载于《经济日报》2021 年 11 月 3 日。

［5］何可、宋洪远：《"双碳"目标下的粮食安全问题》，载于《光明日报》2021 年 10 月 19 日。

［6］何可、汪昊、张俊飚：《"双碳"目标下的农业转型路径：从市场中来到"市场"中去》，载于《华中农业大学学报（社会科学版）》2022 年第 1 期，第 1~9 页。

［7］何可、张俊飚：《实现"双碳"目标需将农业纳入碳交易市场》，载于《农民日报》2021 年 7 月 8 日。

［8］《湖北省 2020 年统计年鉴》［R］. 湖北省统计局，2021 - 10 - 13.

［9］《湖北省建材高质量绿色发展"十四五"规划》。

［10］金书秦、林煜、牛坤玉：《以低碳带动农业绿色转型：中国农业碳排放特征及其减排路径》，载于《改革》2021 年第 5 期，第 29~37 页。

［11］李周：《我国农业创汇潜力有多大》，载于《经济日报》2021 年 11 月 3 日。

［12］廖志慧：《7%！能耗强度持续下降展现"湖北贡献"》，载于《湖北日报》2021 年 10 月 28 日。

[13] 刘海燕、于胜民、李明珠:《中国国家温室气体自愿减排交易机制优化途径初探》,载于《中国环境管理》2022年第5期,第22~27页。

[14] 潘晓滨:《韩国碳排放交易制度实践综述》,载于《资源节约与环保》2018年第6期。

[15] 全国水泥行业碳排放核查报告[R].北京国建联信认证中心,2020年。

[16] 宋长青、叶思菁:《提升我国耕地系统碳增汇减排能力》,载于《中国科学报》2021年11月9日。

[17] 田云、尹忞昊:《中国农业碳排放再测算:基本现状、动态演进及空间溢出效应》,载于《中国农村经济》2022年第3期,第104~127页。

[18] 王红玲:《大力推动农业碳减排和碳交易 促进乡村振兴战略实施》,载于《湖北政协》2021年第3期,第32页。

[19] 王科、李思阳:《中国碳市场回顾与展望(2022)》,载于《北京理工大学学报(社会科学版)》2022年第2期,第33~42页。

[20] 王霄汉:《"双碳"目标下商业银行碳金融业务发展实践——以中国农业银行湖北省分行为例》,载于《武汉金融》2022年第6期。

[21] 王秭移:《理性审视碳排放交易试点及全国碳市场建设》,载于《社会科学动态》2022年第10期,第23~28页。

[22] 严道波、杨东俊、方仍存,等:《"双碳"目标下湖北省工业转型升级探究》,载于《科技创业月刊》2022年第3期。

[23] 易美君:《广东、欧盟及加州碳市场的比较研究》,载于《暨南大学》2015年。

[24] 张竣潵:《武汉市碳排放达峰形势及对策研究》,载于《华中科技大学》。

[25] 张增峰:《"双碳"目标下中国碳金融市场发展的困境与出路》,载于《环境保护与循环经济》2022年第7期,第1~3页。